变电站运行与检修技术丛书

110kV 变电站
电气设备检修技术

丛书主编　杜晓平

本书主编　郝力军　陈文通

U0294071

中国水利水电出版社
www.waterpub.com.cn

内 容 提 要

本书是《变电站运行与检修技术丛书》之一。本书结合多年来现场工作的宝贵经验，主要介绍了 110kV 变电站各电气设备的检修技术。全书共分 6 章，分别介绍了变电站电气设备检修管理、互感器检修、避雷器检修、电容器检修、直流设备检修、所用电屏检修等内容。

本书既可作为从事变电站运行管理、检修调试、设计施工和教学等相关人员的专业参考书和培训教材，也可作为高等院校相关专业师生的教学参考用书。

图书在版编目（CIP）数据

110kV变电站电气设备检修技术 / 郝力军，陈文通主编. -- 北京：中国水利水电出版社，2016.1(2023.2重印)
（变电站运行与检修技术丛书 / 杜晓平主编）
ISBN 978-7-5170-3906-8

Ⅰ. ①1… Ⅱ. ①郝… ②陈… Ⅲ. ①变电所－电气设备－设备检修 Ⅳ. ①TM63

中国版本图书馆CIP数据核字(2015)第314498号

书　名	变电站运行与检修技术丛书 **110kV 变电站电气设备检修技术**	
作　者	丛书主编　杜晓平 本书主编　郝力军　陈文通	
出版发行	中国水利水电出版社 （北京市海淀区玉渊潭南路 1 号 D 座　100038） 网址：www. waterpub. com. cn E - mail：sales@mwr. gov. cn 电话：(010) 68545888（营销中心）	
经　售	北京科水图书销售有限公司 电话：(010) 68545874、63202643 全国各地新华书店和相关出版物销售网点	
排　版	中国水利水电出版社微机排版中心	
印　刷	清淞永业（天津）印刷有限公司	
规　格	184mm×260mm　16 开本　8.5 印张　202 千字	
版　次	2016 年 1 月第 1 版　2023 年 2 月第 2 次印刷	
印　数	4001—5500 册	
定　价	**58.00 元**	

《变电站运行与检修技术丛书》
编 委 会

本书编委会

主　　编　郝力军　陈文通

副主编　方旭光　吕朝晖　董　升

参编人员（按姓氏笔画排序）

朱建增　刘松成　李　阳　邱子平　汪卫国

张晓明　陈　亢　周程昱　郑　炅　郑　雷

赵寿生　施首健　姜林波　徐阳建　徐街明

徐耀辉　高　寅　盛　晨

前　言

全球能源互联网战略不仅将加快世界各国能源互联互通的步伐，也势必强有力地促进国内智能电网快速发展，许多电力新设备、新技术应运而生，电网安全稳定运行面临着新形势、新任务、新挑战。这对如何加强专业技术培训，打造一支高素质的电网运行、检修专业队伍提出了新要求。因此我们编写了《变电站运行与检修技术丛书》，以期指导提升变电运行、检修专业人员的理论知识水平和操作技能水平。

本丛书共有六个分册，分别是《110kV 变电站保护自动化设备检修运维技术》《110kV 变电站电气设备检修技术》《110kV 变电站电气试验技术》《110kV 变电站开关设备检修技术》《110kV 变压器及有载分接开关检修技术》以及《110kV 变电站变电运维技术》。作为从事变电站运维检修工作的员工培训用书，本丛书将基本原理与现场操作相结合、理论讲解与实际案例相结合，立足运维检修，兼顾安装维护，全面阐述了安装、运行维护和检修相关内容，旨在帮助员工快速准确判断、查找、消除故障，提升员工的现场作业、分析问题和解决问题能力，规范现场作业标准化流程。

本丛书编写人员均为从事一线生产技术管理的专家，教材编写力求贴近现场工作实际，具有内容丰富、实用性和针对性强等特点。通过对本丛书的学习，读者可以快速掌握变电站运行与检修技术，提高自己的业务水平和工作能力。

本书是《变电站运行与检修技术丛书》的一本，主要内容包括：变电站电气设备检修管理、互感器检修、避雷器检修、电容器检修、直流设备检修、所用电屏检修等内容。

在本丛书的编写过程中得到过许多领导和同事的支持和帮助，使内容有了较大改进，在此向他们表示衷心的感谢。本丛书的编写参阅了大量的参考文献，在此对其作者一并表示感谢。

由于编者水平有限，书中疏漏和不足之处在所难免，敬请广大读者批评指正。

编者

2015 年 11 月

目　　　录

第1章 变电站电气设备检修管理

1.1 变电站电气设备

变电站的电气设备包括一次系统设备和二次系统设备，其中：一次系统指构成电能生产、输送、分配和使用的系统；二次系统指对一次系统进行保护、监控、测量、控制的系统。

目前，110kV 变电站一次设备主要用来生产和转换电能的设备、用来接通或断开的设备、仪用互感器、防御过电压设备、补偿设备、限流设备、载流导体、接地装置等，主要有变压器、断路器、隔离开关、互感器、避雷器、电容器、直流电源、阻波器、电抗器、变压器、母线等，这些都是变电站中必不可缺的设备。

1.2 检 修 管 理

变电站电气设备检修管理目的是科学保养设备，在保障设备安全、经济、可靠的前提下，最大限度地提高供电设备的利用率，降低检修人、财、物的浪费，提高企业经济效益。其基本原则主要有两点：一是以安全生产为基础，坚持对设备按规程进行预防性试验、检修和维护；二是设备检修坚持"应修必修，修必修好"的原则。电力企业的变电检修现场，每一项生产任务有劳动者本身、设备工具、劳动对象、环境作业等多方面。每个项目中危险的程度也有所不同。针对具体项目开展危险点分析，可以科学地研究发生事故的原因，分析检修作业中物与物、物与人、人与人之间存在的不安全因素。广泛开展危险点分析活动，可以进一步增强电力系统的安全，确保安全生产。所以，在变电检修的实际工作中，找准危险点是基础，控制危险点是重要环节。

1. 缺陷管理

设备的缺陷管理包括建立并形成对检修设备缺陷的发现、登记、消除的全过程管理。其中，设备缺陷包括紧急缺陷、严重缺陷和一般缺陷。当发现紧急缺陷、严重缺陷后，应立即上报检修工区，及时处理，如不能及时消除应采取有效措施防止缺陷进一步发展；一般缺陷应每周上报，列入月度检修计划安排处理。按照工作性质、内容和工作涉及的范围不同，检修工作可以分为以下几类：

（1）A 类：对相关设备进行整体解体性检查、维修、更换和试验，以保持、恢复或提高设备性能。

（2）B 类：对相关设备进行局部性的检修，部件解体性检查、维修、更换和试验。

（3）C 类：对相关设备进行常规性检查、维修和试验。

（4）D 类：在不停电的状态下进行带电测试、外观性检查和试验。

2. 检修工作

检修工作流程包括开工准备、解体检修、组装调试、质量验收、清理现场和工作终结。

运行检修部门应按照反事故措施的要求和安全性评价提出的整改意见，分析设备现状，制定落实计划。大修、技术改造等大型作业，应在开工前一周完成《设备检修标准化作业指导书》、"两措（反事故措施和技术措施）"和施工方案的编制与审批，开工前组织检修人员学习上述内容和设备检修工艺规程。严格按设备检修规程、工艺导则和相关技术文件要求的检修项目、参数标准、工艺水平、质量标准和试验数据等进行检修，保证作业安全，并合理组织检修力量，努力提高检修效率，缩短检修工期，确保检修质量。按季节性特点及时做好防污、防大风雪、防汛、迎峰等各项工作。临时性检修和事故处理时，设立专责指挥人员及监护人员，要求带齐设备、工器具、防护用具，工作中防止误碰、误触、误攀、误登，尽快将设备恢复正常。

变电检修应按计划执行检修任务，按规定执行工作票制度。检修前认真编制《设备检修标准化作业指导书》，准备好工具、仪表、器械。检修过程按标准化作业程序作业。检修后认真执行设备验收制度及工作终结制度，及时填写相关记录和应出具的报告。按计划执行检修任务，按规定执行工作票制度。检修前认真编制《设备检修标准化作业指导书》，准备好工具、仪表、器械。检修过程按标准化作业程序作业。检修后认真执行设备验收制度及工作终结制度，及时填写相关记录和应出具的报告。

检修作业现场应由工作负责人统一负责按《设备检修标准化作业指导书》实施定置管理，各种工器具、分解的设备应放置固定地点，废弃物严禁乱扔乱放，必须集中妥善处理。施工现场做到整齐有序、工完场净、文明施工。参加作业人员应听从工作负责人的指挥，认真履行开工、收工手续，列队进入和撤出作业现场，严格执行各种规程和制度。任何人不得擅自移动、改变现场安全措施。检修人员参加工作时必须按规定穿工作服、绝缘鞋或防静电鞋、戴安全帽，按工作内容携带工具、仪器、仪表及相关器械。

3. 验收工作

为了不断提高设备检修质量，必须做好质量检查和验收工作，验收时应根据需要成立相应的"设备检修质量检验监督小组"，并实行三级验收制度。设备检修质量检验管理必须贯彻"安全第一、预防为主"的方针，树立"质量第一和检修工艺质量没有最好、只有更好"的管理理念，在认真执行《安全规程》检验的基础上，把好质量第一关。变电检修安全管理的内容是对变电站运行、检修中的人、设备、环境因素状态的管理，有效的控制人的不安全行为和设备的不安全状态，消除和避免事故。安全管理的目的是确保人身重大伤亡事故为零，确保重大变电设备事故为零。

本书主要涉及变电站电气设备检修技术，全书共分为6章：第1章对变电站电气设备检修管理做主要介绍；第2章主要论述互感器检修；第3章主要介绍避雷器检修；第4章主要论述电容器成套装置检修；第5章主要介绍了直流设备检修；最后1章论述所用电屏检修。

第2章 互感器检修

互感器分为电压互感器（TV）和电流互感器（TA），是电力系统中一次系统和二次系统之间的联络元件，用以变换电压或电流，分别为测量仪表、保护装置和控制装置提供电压或电流信号，反映电气设备的正常运行和故障情况。

2.1 互感器基础知识

2.1.1 互感器的作用及基本原理

2.1.1.1 互感器的作用

（1）互感器将一次回路的高电压和大电流变为二次回路标准的低电压和小电流，通常电压互感器额定二次电压为 100V、电流互感器额定二次电流为 5A 或 1A。通过互感器使低压的二次仪表和保护继电器等设备与高压装置在电气方面能很好地隔离开，以保证人身和设备安全，并且使二次仪表和继电器标准化、小型化。同时，当一次电路中发生短路时，可以使二次侧仪表的电流线圈免受过大电流的冲击。

（2）所有二次设备可以采用低电压、小电流的控制电缆连接，使得二次回路简单、安装方便，便于集中管理，易于实现远方控制与测量。

（3）二次回路的接线可以与一次回路接线采用不同的形式。

（4）为了保证人身与设备的安全，互感器的二次侧必须有一点接地，以免在互感器的一次、二次绕组之间的绝缘损坏时二次设备上出现危险的高电压。

2.1.1.2 电流互感器

1. 基本原理及工作特点

电流互感器是将交流大电流变成小电流（5A 或 1A），供电给测量仪表和保护装置的电流线圈。流变接近于二次侧短路运行的变压器，其工作原理与变压器基本相同。其一次绕组与线路串联如图 2-1 所示。

电流互感器的特点有以下方面：

（1）一次匝数少，二次匝数多。

（2）内阻高，电流源。

（3）二次回路不能开路。

（4）正常运行时磁密度低，系统故障时磁密度高。

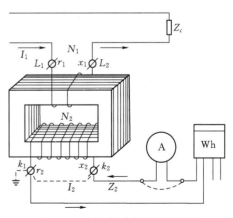

图 2-1 电流互感器原理接线图

3

2. 参数

(1) 额定电流有一次额定电流和二次额定电流。二次额定电流有5A和1A。

(2) 变比一次额定电流与二次额定电流之比，如2500/1、1250/5、1500/5。

(3) 电流互感器的准确度为电流变换的精度。分为0.1级、0.2级、0.5级、5P级、10P级等；0.2级，用于计量回路；0.5级，用于测量回路；P级，用于保护装置。

3. 符号

电流互感器一般图形符号如图2-2所示。文字符号为"TA"。

2.1.1.3　电压互感器（TV）

1. 基本原理及工作特点

电压互感器是将交流高电压变成低电压，供电给测量仪表和保护装置的电压线圈。电压互感器的工作原理与降压变压器相似，即利用电磁感应原理制成。其一次绕组与线路并联如图2-3所示。

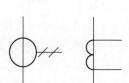

图2-2　电流互感器一般图形符号　　图2-3　电压互感器原理接线图

电压互感器的特点有以下几方面：

(1) 一次匝数多，二次匝数少。

(2) 内阻低，电压源。

(3) 二次回路不能短路。

(4) 正常运行时磁密度高，系统故障时磁密度低。

2. 参数

(1) 额定二次电压为三相及相间连接用的电压互感器（TV），额定二次电压为100V；相对地连接，$100/\sqrt{3}V$。

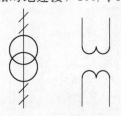

(2) 准确度即互感器的误差，分为比差、角差。

(3) 根据电压互感器的误差大小，常分为0.1级、0.2级、0.5级、1级、3级（用于测量）；3P级、6P级（用于保护）。

3. 符号

电压互感器一般图形符号如图2-4所示。文字符号为"TV"。

图2-4　电压互感器
一般图形符号

2.1.1.4　互感器运行要求的思考

运行中的电压互感器二次回路不允许短路。电压互感器在正常运行中，二次负载阻抗很大，内阻抗很小，短路阻抗压降很小。当电压互感器二次侧发生短路时，二次侧会产生很大短路电流，电压互感器极易被烧坏。

运行中的电流互感器的二次回路不允许开路。正常运行中，电流互感器阻抗很小，接近短路状态，当二次侧开路时，依据磁势平衡原理，相当于负载阻抗为无穷大，二次电流为零，即二次磁势为零，一次电流完全变成了励磁电流，造成磁场饱和，在二次侧感应出很高的电压，其峰值可达几千伏，危及设备、人身安全，同时铁损增加，造成互感器严重发热老化，甚至烧毁绝缘。

互感器二次侧绕组必须且只能一点接地。电流、电压互感器二次回路一点接地属于保护性接地，防止一次、二次绝缘损坏、击穿，以致高电压窜到二次侧，造成人身触电及设备损坏。如果有两点接地会弄错极性、相位，造成电压互感器二次线圈短路而致烧损，影响保护仪表动作；对电流互感器会造成二次线圈多处短接，使二次电流不能通过保护仪表元件，造成保护拒动，仪表误指示，威胁电力系统安全供电。所以电流、电压互感器二次回路中只能有一点接地。

2.1.2 互感器的技术参数及接线方式

2.1.2.1 电流互感器技术参数

电流互感器技术参数主要有变比、误差、极性、稳定、10％误差曲线、最大二次电流倍数、容量等。

（1）变比。变比为电流互感器一次绕组与二次绕组之间的电流比。

（2）误差。

1）比值差：二次表计测出的一次电流与一次电流的差值，再与一次电流之比的百分数表示。

2）相角差：一次电流相量与转过 180°的二次电流相量之间的夹角。

3）复合误差：指二次电流瞬时值乘以 k 与一次电流瞬时值的差值，再与额定电流之比的百分数。

10P20 表示准确级次为 10P，准确限制系数 20，即在 20 倍额定电流下，电流互感器复合误差不大于 $\pm 10\%$。

（3）极性。极性是指一次绕组和二次绕组电流方向的关系。电流互感器采取减极性接法。

（4）稳定。稳定是指系统发生短路时，电流互感器所能承受因短路电流引起的电动力及热力作用而不致受到损坏的能力。用电动稳定倍数和热稳定倍数表示。

（5）10％误差曲线。10％误差曲线是指当变化误差在 10％时，一次电流倍数（$m = I_1/I_2$）与二次额定负载 Z_n 的关系曲线。

（6）最大二次电流倍数。最大二次电流倍数是指当二次电流不断增加时，在带有额定二次负载下，所达到的二次电流值和其额定值的比。

（7）容量。容量是指允许的负荷功率。

电流互感器的极性：为了准确判别电流互感器一次电流与二次电流的相位关系，必须首先识别一次、二次绕组的极性端。电流互感器极性端标注的方法和符号如图 2-5 所示。

一次电流 I_1 的正方向从极性端 H_1 流入一次绕组从 H_2 流出；二次电流 I_2 的正方向从二次绕组的极性端 K_1 流出，从 K_2 流入，即"头进头出"。

2.1.2.2 电流互感器接线方式

电流互感器的接线方式根据测量仪表、继电保护及自动装置的要求而定。常见的接线方式有 4 种。

1. 三相星形接线方式

三相星形接线方式的特点有流过负载的电流等于流过二次绕组的电流，因此接线系数（或称电流分配系数）k_{c_0} 等于 1；三相电流 I_{L_1}、I_{L_2}、I_{L_3} 对称时，在 N′与 N 的连接线中无电流；能反映各种类型的短路故障。如图 2-6 所示。

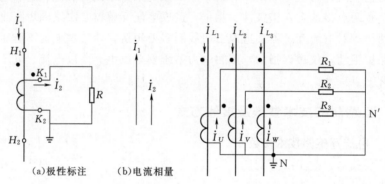

图 2-5　电流互感器极性标注　　　图 2-6　三相星形接线方式

这种接线方式，既可用于测量回路，又可用于继电保护及自动装置回路，因此广泛应用在电力系统中。

2. 两相 V 形接线方式

两相 V 形接线方式的特点有流过负载的电流等于流过二次绕组的电流，因此接线系数 k_{c_0} 等于 1；三相电流（I_{L_1}、I_{L_2}、I_{L_3}）对称时，在 N′与 N 的连接线中流过 V 相电流（$-I_V$）；但在一次系统发生不对称短路时，N′与 N 连线中流过的电流往往不是真正的 V 相电流；同时不能反映 L_2 相接地故障。这种接线方式广泛应用在 35kV 及以下中性点非直接接地系统中，如图 2-7 所示。

3. 三相三角形接线方式

正常运行时，流过每相负载（R_1、R_2、R_3）的电流是两相电流的相量差，如图 2-8 所示，即

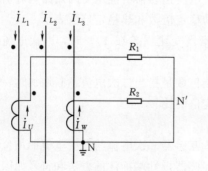
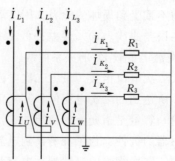

图 2-7　两相 V 形接线方式　　　图 2-8　三相三角形接线方式

$$I_{R_1} = I_U - I_V \tag{2-1}$$

$$I_{R_2} = I_V - I_W \tag{2-2}$$

$$I_{R_3} = I_W - I_U \tag{2-3}$$

三相三角形接线方式的特点有流过每相负载的电流等于相电流的$\sqrt{3}$倍，因此接线系数k_{c_0}等于1.732；能反映各种类型的短路故障，但一次系统发生不对称短路故障时，各相负载中的电流变化较大。这种接线方式主要用于继电保护及自动装置中，很少用于测量仪表回路。

4. 三相零序接线方式

这种接线流过负载K的电流I_K等于3个电流互感器二次电流的相量和，即

$$I_K = I_U + I_V + I_W \tag{2-4}$$

$$I_{L1} + I_{L2} + I_{L3} = 3I_0 \tag{2-5}$$

正常运行（或对称短路）时，二次负载电流为

$$I_K = 0 \tag{2-6}$$

当一次系统发生接地短路时，二次负载电流为

$$I_K = 3I_0 \tag{2-7}$$

这种接线方式主要用于继电保护及自动装置回路，测量仪表一般不用，接线方式如图2-9所示。

2.1.2.3 电压互感器技术参数

（1）误差。

1）变比误差：二次测量值与一次电压的差值，再与一次电压之比的百分数。

2）相位角误差：二次电压相量旋转180°后与一次电压的夹角。

（2）准确等级。准确等级指变比误差的百分数。

（3）极性。电压互感器的极性端采用减极性接法。

电压互感器一次、二次绕组的极性决定于绕组的绕向，而一次、二次绕组电压的相位决定于绕组的绕向和对绕组始末端的标注方法，我国按一次、二次电压相位相同的方法标注极性端，这种标注方法称为减极性标注法，如图2-10所示。

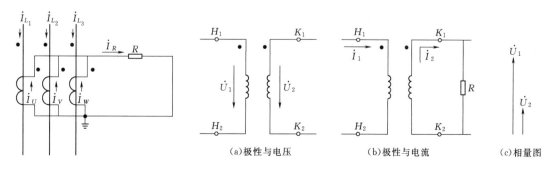

图2-9　三相零序接线方式　　　　　　图2-10　电压互感器的极性标注

2.1.2.4　电压互感器接线方式

电压互感器的接线方式根据二次负载的需要而定。电压互感器在三相系统中要测量的电压有：线电压、相电压、相对地电压和单相接地时出现的零序电压。为了测量这些电压，电压互感器有不同的接线方式，发电厂中应用较广泛的几种接线如图 2-11 所示。

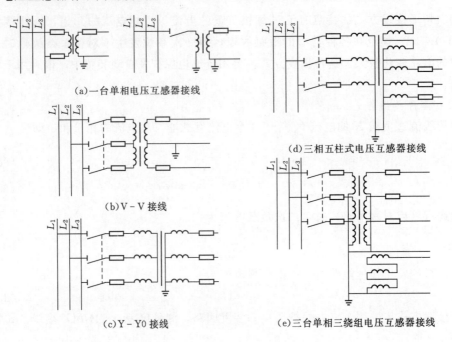

(a)一台单相电压互感器接线

(b)V-V 接线

(c)Y-Y0 接线

(d)三相五柱式电压互感器接线

(e)三台单相三绕组电压互感器接线

图 2-11　电压互感器的接线方式

2.1.3　互感器的型号

产品型号均以汉语拼音字母表示，字母的代表意义及排列顺序如图 2-12 所示。

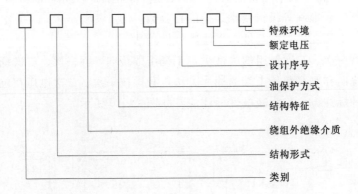

特殊环境
额定电压
设计序号
油保护方式
结构特征
绕组外绝缘介质
结构形式
类别

图 2-12　互感器产品型号

互感器产品型号字母意义如下：

(1) 类别中，L 表示电流互感器。

(2) 结构形式中，R 表示套管式；Z 表示支柱式；Q 表示绕组式；F 表示复匝式；D

表示单相式；M 表示母线式；K 表示开合式；V 表示倒立式；A 表示联型；电容式不表示。

（3）绕组外绝缘介质中，G 表示干式；C 表示瓷；Z 表示浇注绝缘；Q 表示气体；K 表示绝缘壳；油浸式不表示。

（4）结构性中，B 表示带保护级；BT 表示带暂态保护。

（5）油保护方式中，N 表示不带金属膨胀器。

（6）特殊环境中，GY 表示高原；W 表示防污；TA 表示干热带；TH 表示湿热带。

2.2 电流互感器的基本结构

2.2.1 电流互感器的分类

2.2.1.1 按装置种类分

（1）户内式。户内式即只能安装于户内的互感器，其额定电压多不高于 35kV。

（2）户外式。户外式即可以在户外安装使用的互感器，其额定电压多在 35kV 以上。

2.2.1.2 按绝缘介质分

（1）油绝缘。油绝缘即油浸式互感器，实际上产品内部是油和纸的复合绝缘，多用于户外产品，电压可达 500～1100kV。

（2）浇注绝缘。浇注绝缘指用环氧树脂或其他树脂为主的混合胶浇注成型的电流互感器，多在小于 35kV 时采用。国外有用特殊橡胶浇注的电流互感器。

（3）干式绝缘。干式绝缘指用聚四氟乙烯绝缘，可做到 110kV。

（4）气体绝缘。气体绝缘即产品内部充有特殊气体，如 SF_6 气体作为绝缘的互感器，多用于高压品。

2.2.1.3 按结构形式分

（1）贯穿式。如单匝贯穿式电流互感器，如图 2-13（b）所示。

（2）母线式。这种电流互感器适用于大电流的场合，例如安装在线路母线上，线路母线就是互感器的一次绕组，如图 2-13（a）所示。

（a）母线式　　　　　　　　　　　（b）贯穿式

图 2-13 电流互感器的结构

（3）套管式。套管式安装在变压器或断路器套管的中间法兰处，主绝缘是套管，一次绕组就是套管内的导电杆。这种互感器的一次绕组也只有一匝。如图2-14所示。

（4）倒立式。二次绕组装在产品上部，重心较高，头部较大，但一次绕组导体较短，瓷套较细，是近年来比较新的结构。如图2-15所示。

 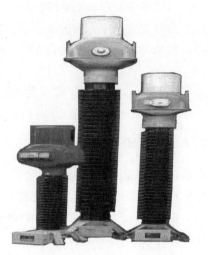

图2-14　套管式电流互感器　　　　　　图2-15　倒立式电流互感器

（5）正立式。二次绕组装在产品下部，产品重心较低，是国内高压油浸式互感器的常用结构，如图2-16所示。

图2-16　正立式电流互感器

2.2.2　电流互感器的结构

电流互感器的结构主要包括铁芯和一次、二次绕组。浇注式电流互感器是采用环氧树脂浇注成形的，具有体积小、重量轻、绝缘性能稳定的优点，广泛地应用10kV及以下的配电装置中，35kV及以上电压等级支柱式电流互感器多为油浸式，35kV多采用金属外壳，110kV及以上多采用瓷质外壳，近几年，气体绝缘（SF_6）电流互感器在110kV及以上电压等级的电路中应用较为广泛，即在电磁元件的外壳为金属，内部充以SF_6气体作为绝缘介质。

2.2.2.1　正立式电流互感器的基本结构

互感器为全密封结构，有油箱、瓷套、器身、储油柜和膨胀器等部分组成。一次线圈呈"U"形，有两个半圆铝管构成，采用油纸电容式结构。二次线圈的导线绕在环行的铁芯上，整个固定后套装在一次线圈的下部而置于油箱中，依次电流的改变是通过改变瓷套上部连接板的接线方式而实现的，如图 2-17 所示。

瓷瓶套管内部结构如图 2-18 所示。

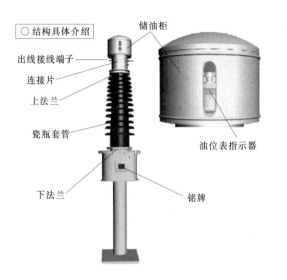

图 2-17　正立式电流互感器的基本结构

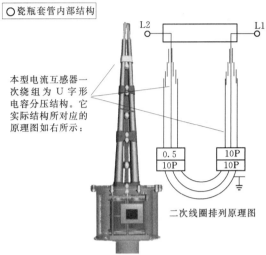

图 2-18　瓷瓶套管内部结构

2.2.2.2　倒立式电流互感器的基本结构

倒立式电流互感器的基本结构如图 2-19 所示。

储油柜外部结构（图 2-20），储油柜内部结构（图 2-21），储油柜连线（图 2-22）。

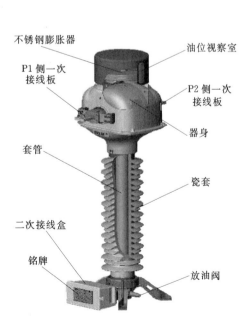

图 2-19　倒立式电流互感器的基本结构

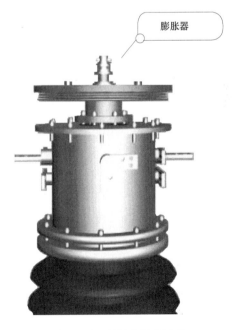

图 2-20　储油柜外部结构

金属膨胀器是各种油浸式互感器的一种保护装置，
它能使互感器内部的变压器油与空气完全隔离，
防止变压器油受潮、老化、变质。

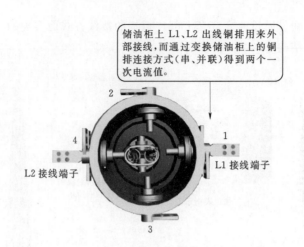

储油柜上 L1、L2 出线铜排用来外部接线,而通过变换储油柜上的铜排连接方式(串、并联)得到两个一次电流值。

2 1 L1 接线端子

4 L2 接线端子

3

图 2-21　储油柜内部结构

2.2.2.3　SF$_6$ 电流互感器的基本结构

SF$_6$ 电流互感器的基本结构如图 2-23 所示。

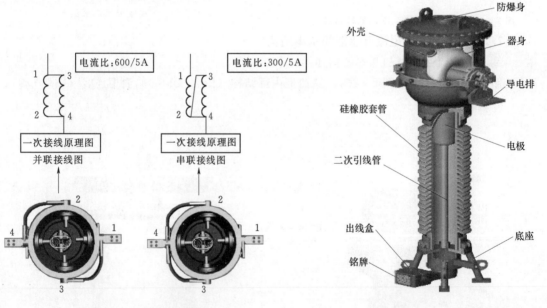

图 2-22　储油柜连线图　　　　图 2-23　SF$_6$ 电流互感器的基本结构

2.3　电压互感器的基本结构

2.3.1　电压互感器的分类

(1) 按相数分有单相和三相。

(2) 按绕组个数分为双绕组电压互感器、三绕组电压互感器和四绕组电压互感器。

（3）按绝缘介质分：油绝缘，多在 35kV 及以上电压等级采用；浇注绝缘，多在 10kV 以下电压等级采用；干式绝缘，多用于 110kV；气体绝缘，多用于高压产品。

（4）按装置种类分为户内式电压互感器、户外式电压互感器。35kV 以下电压等级多为户内式，35kV 及以上电压等级多为户外式。

（5）按结构原理分电磁式电压互感器和电容式电压互感器。电磁式又可分为单级式和串级式。在我国，35kV 以下电压等级均用单级式，63kV 及以上电压等级为串级式；在 110~220kV 范围内，串级式和电容式均有采用，330kV 以上电压等级只生产电容型。

2.3.2　电压互感器的基本结构

1. 串级式

串级式如图 2-24～图 2-27 所示。

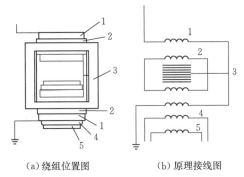

（a）绕组位置图　　　　（b）原理接线图

图 2-24　110kV 电压互感器的铁芯结构

1——一次绕组；2——平衡绕组；3——铁芯；4——二次绕组；5——附加二次绕组

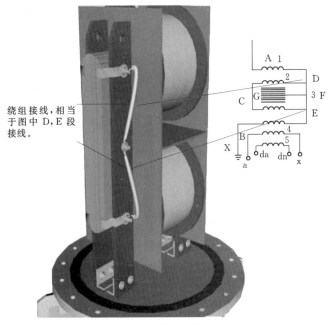

图 2-25　瓷箱内部结构（Ⅰ）

1——一次绕组；2——平衡绕组；3——铁芯；4——二次绕组；5——附加二次绕组

13

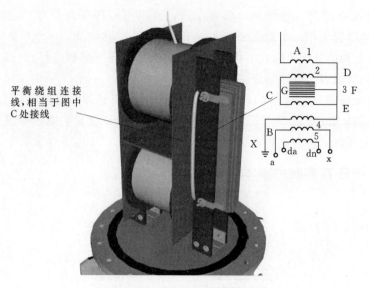

平衡绕组连接线,相当于图中C处接线

图 2-26 瓷箱内部结构（Ⅱ）
1——一次绕组；2—平衡组；3—铁芯；4—二次绕组；5—附加二次绕组

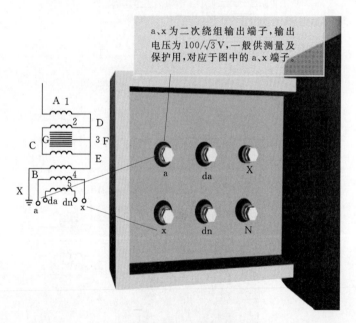

a、x 为二次绕组输出端子,输出电压为 $100/\sqrt{3}$ V,一般供测量及保护用,对应于图中的 a、x 端子。

图 2-27 接线端子
1——一次绕组；2—平衡组；3—铁芯；4—二次绕组；5—附加二次绕组

2. 电容式电压互感器

电容式电压互感器如图 2-28 所示。

电容式电压互感器系积木式结构,其电容分压器单元、电磁装置、阻尼器等在出厂时,均通过调整误差后编号配套,安装时不得相互调换。运行中如发生电容分压器等元件损坏,更换后应注意重新调试互感器误差。互感器的阻尼器必须接入,否则不得投入运行。

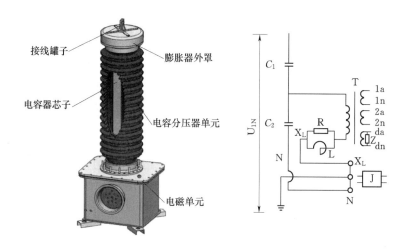

图 2 – 28　电容式电压互感器
L—补偿电抗；R—保护电阻；Z—阻尼装置

2.4　互感器的安装验收标准

2.4.1　互感器安装技术要求

互感器安装技术要求主要有以下方面：

（1）本体。

1）互感器的参数应与设计相符，变比与保护整定值相符。

2）互感器应垂直安装，垂直偏差应不大于1%。

3）三相并列安装的互感器中心线应在同一直线上。

4）基础螺栓紧固。

（2）外瓷套（合成套）外表检查。外表面应清洁、无损、无裂纹。

（3）金属膨胀器检查。

1）膨胀器密封可靠，无渗漏，无永久性变形。

2）油位指示或油压力指示正确，油位满足运行的要求。

（4）检查储油柜。

1）密封可靠，无渗漏。

2）串联、并联连接方式正确，螺栓紧固连接可靠。

3）检查储油柜有无悬浮电位。

（5）检查油箱、底座。

1）二次接线板及端子清洁密封完好，无渗漏。

2）放油阀密封良好，无渗漏。

3）SF_6互感器要求整体密封检查完好，密度继电器完好，气体压力表指示正常，三相基本一致。

（6）一次引线安装。

1）引线螺栓紧固，连接可靠、各接触面应涂有电力复合脂。

2）引线松紧适当，无明显过紧过松现象。

（7）二次引线安装。

1）二次引线应无损伤、接线端子紧固，平垫、弹簧垫圈齐全。

2）二次接线端子间应清洁无异物。

3）二次引线裸露部分不大于 5mm。

4）备用的电流互感器端子应短接后接地。

5）每个二次绕组必须有一点可靠接地，并且不允许两点及以上多点接地。

6）电缆的备用芯子应做好防误碰措施。

7）二次电缆应固定，并做好电缆孔的封堵。

（8）互感器本体接地。有两根接地引下线引至不同地点的水平接地体，每根引下线的截面应满足设计要求。

（9）油漆完整无缺，相色正确。

2.4.2 互感器投运前验收项目

1. 验收标准

新安装的互感器应按交接标准及相关反措要求进行交接试验，注意与出厂试验数据比较无明显差异；新安装互感器应按《电气装置安装工程电力变压器、油浸式电抗器、互感器施工及验收规范》（GBJ 148—1990）以及制造厂有关规定进行，主要内容有：

（1）符合"运行使用基本要求"的规定。

（2）外观清洁完整，无破损；等电位连接可靠，均压环安装正确，引线对地距离、保护间隙符合规定。

（3）无渗油，油位指示正常；无漏气，压力正常，三相油位及气压应调整基本一致。

（4）各金属部件油漆完好，三相相序标志正确，接线端子标志清晰，运行编号完整。

（5）一次、二次引线连接可靠，极性关系正确，电流比位置符合运行要求。

（6）各接地部件可靠接地。

（7）符合现行反事故措施有关要求。

2. 验收资料

新建、扩建、改造变电站互感器应检查已具备相关资料及可修改的电子化图纸资料，主要资料如下：

（1）变电站一次接线图（含运行编号）。

（2）设备订货相关文件、订货技术合同和技术协议等变更设计的证明文件。

（3）变更设计的实际施工图。

（4）制造厂提供的产品说明书。

（5）制造厂提供的产品试验记录。

（6）制造厂提供的合格证件。

（7）制造厂提供的安装图纸。

（8）开箱验收记录。

（9）监理报告。

（10）缺陷处理报告。

（11）现场安装及调试报告。

（12）互感器的交接试验记录及报告。

（13）设备、专用工具及备品清单。

（14）其他资料。

2.5 互感器的状态检修

2.5.1 互感器状态检修导则

状态检修应遵循"应修必修，修必修好"的原则，依据设备状态评价的结果，考虑设备风险因素，动态制定设备的检修计划，合理安排状态检修的计划和内容。

互感器状态检修工作内容包括停电、不停电测试和试验以及停电、不停电检修维护工作。

新投运设备投运初期按照国家电网公司《输变电设备状态检修试验规程》（Q/GDW 168—2008）规定（110kV/66kV 的新设备投运后 1～2 年，220kV 及以上的新设备投运后 1 年），应进行例行试验，同时应对设备及其附件（包括电气回路和机械部分）进行全面检查，收集各种状态量，并进行一次状态评价。

状态评价应实行动态化管理，每次检修后应进行一次状态评价。

对于运行达到一定年限，故障或发生故障概率明显增加的设备，宜根据设备运行及评价结果，对检修计划及内容进行调整，必要时缩短检修周期、增加诊断性试验项目。

2.5.2 互感器状态检修分类及项目

按照工作性质内容及工作涉及范围，将互感器检修工作分为 4 类：A 类检修、B 类检修、C 类检修、D 类检修。其中 A、B、C 类是停电检修，D 类是不停电检修。

（1）A 类检修是指互感器的整体返厂解体检查和更换。

（2）B 类检修是指互感器局部性的检修，部件的解体检查、维修、更换、试验及漏油（气）处理。

（3）C 类检修是指对互感器常规性检查、维护和试验。

（4）D 类检修是指对互感器在不停电状态下的带电测试、外观检查和维修。

互感器的检修分类和检修项目如表 2-1 所示。

2.5.3 互感器状态检修策略

互感器的状态检修策略既包括年度检修计划的制订，也包括缺陷处理、试验、不停电的维修和检查等。检修策略应根据设备状态评价的结果动态调整。

表 2-1　　　　　　　　　　　　　互感器的检修分类和检修项目

检修分类	检修项目
A 类检修	A.1　本体内部部件的检查、维修 A.2　返厂检修 A.3　整体更换 A.4　相关试验
B 类检修	B.1　主要部件处理 B.1.1　套管 B.1.2　金属膨胀器 B.1.3　储油柜、气体压力表（SF_6 互感器） B.1.4　二次接线板 B.1.5　压力释放阀 B.1.6　其他 B.2　现场干燥处理、滤油等 B.3　其他部件局部缺陷检查处理和更换工作 B.4　相关试验
C 类检修	C.1　按照 Q/GDW 1168—2008 规定进行例行试验 C.2　清扫、检查和维护
D 类检修	D.1　带电测试 D.2　维护处理 D.3　检修人员专业检查巡视 D.4　其他不停电的部件更换处理工作

年度检修计划每年至少修订一次。根据最近一次设备的状态评价结果，考虑设备风险评估因素，并参考制造厂家的要求确定下一次停电检修时间和检修类别。在安排检修计划时，应协调相关设备检修周期，尽量统一安排，避免重复停电。

对于设备缺陷，根据缺陷性质，按照缺陷管理相关规定处理。同一设备存在多种缺陷，也应尽量安排在一次检修中处理，必要时，可调整检修类别。

C 类检修正常周期与试验周期一致。不停电维护和试验根据实际情况安排。

（1）"正常状态"检修策略。被评价为"正常状态"的互感器，执行 C 类检修。根据设备实际情况，检修周期可按照正常周期或者延长。在检修之前，可以根据实际需要适当安排 D 类检修。

（2）"注意状态"检修策略。被评价为"注意状态"的互感器，执行 C 类检修。如果单项状态量扣分导致评价结果为"注意状态"时，宜根据实际情况提前安排 C 类检修。如果由多项状态量合计扣分导致评价结果为"注意状态"时，可按正常周期执行，并根据设备的实际情况，增加必要的检修和试验内容。被评价为"注意状态"的互感器宜适当加强 D 类检修。

（3）"异常状态"检修策略。被评价为"异常状态"的互感器，根据评价结果确定检修类别和内容，并适时安排检修。实施停电检修前应加强 D 类检修。

（4）"严重状态"检修策略。被评价为"严重状态"的互感器，根据评价结果确定检修类别和内容，并尽快安排检修。实施停电检修前应加强 D 类检修。

2.6 互感器的巡检项目及要求

1. 油浸式互感器

（1）相关仪表指示无异常，设备外观完整、无损，各部件连接牢固可靠。

（2）外绝缘清洁、无裂纹及放电现象。

（3）油位正常，膨胀器正常。

（4）防爆膜（如有）未破裂。

（5）无异常振动、异常声响及异味。

（6）各部件接地良好。

（7）互感器引线端子无过热，接头螺杆无松动。

（8）油箱及底座未严重锈蚀，端子箱内熔断器及自动开关等二次元件完好。

2. SF_6 气体绝缘互感器

（1）压力表指示在正常范围，无漏气现象，密度继电器、防爆片正常。

（2）外套管表面清洁，无蚀损、漏电起痕、表面放电痕迹，具有憎水性，黏结部位无脱胶及分化、裂纹等老化现象。

3. 干式互感器

（1）互感器无过热，无异常振动及声响。

（2）互感器无受潮，半封闭外漏铁芯无修饰。

（3）外绝缘表面无积灰、粉蚀、开裂、放电等现象。

2.7 互感器的 C 级检修

2.7.1 110～220kV 充油式电流互感器 C 级检修

1. 危险点分析及防范措施

危险点分析及防范措施如下：

（1）误入带电间隔。应确认电流互感器四周已装设围栏并挂"止步，高压危险"标示牌，明确带电区域和施工作业区域范围。

（2）感应电，引起人身伤害意外事故。应规范使用个人保安线。

（3）高空作业（瓷套外观检查及搭头检查）时，易高空坠落。上、下电流互感器的绝缘梯必须用绳绑扎牢固，规范使用保险带。

2. 检修项目及工艺标准

检修项目及工艺标准如下：

（1）检查金属膨胀器应密封可靠、无渗漏油、无永久性变形，放气阀内无残存气体，油位指示或油温压力指示机构灵活，指示正确、油位与环境温度相符，波纹式膨胀器不得锈蚀卡死，保证膨胀器内压力异常增长时能顶起上盖，漆膜完好，注意将放气阀内的气体排除；膨胀器可正常工作。

（2）检查串并联连接片连接应可靠，避免发热、无过热痕迹。

（3）检查电流互感器储油柜的等位连接片应该可靠连接，避免储油柜电位悬浮。

（4）检查电流互感器一次连接片无过热现象，一次连接接头无渗漏油，一次接头与管母连接不得碰到金属膨胀器外壳。

（5）检查电流互感器瓷套无裂纹、损坏，瓷裙清洁，无渗漏油。瓷套外表应修补完好，一个伞裙修补的破损面积不得超过规定，一次搭头接线板、膨胀器外罩无变形，金属外壳无锈蚀，在污秽地区若爬距不够，可在清扫后涂覆防污闪涂料或加装硅橡胶增爬裙，检查防污涂层的憎水性，若失效应擦净重新涂覆，增爬裙失效应更换注意螺丝的紧固程度及受力的均匀。

（6）检查小瓷套应密封可靠、无渗漏油、瓷件完好无损，小瓷套表面清洁无脏物，导杆螺母紧固不松动，注意螺丝的紧固程度及受力的均匀。

（7）检查二次接线板，二次导电杆处无渗漏油，接线标志牌完整，字迹清晰，二次接线板清洁，无受潮，无放电烧伤痕迹，接线柱的紧固件齐全并拧紧，注意有无放电痕迹。

（8）检查放油阀无渗漏油，满足密封取油样的要求。

（9）检查铭牌与端子标志牌应该齐全无缺；牌面干净清洁，字迹清晰。

（10）检查接地端子接地可靠，接地线完好，注意螺丝的紧固程度及受力的均匀。

（11）检查现场安全措施、设备状态恢复，现场安全措施与工作票所载相符、恢复到工作许可时状态。

（12）作业组自验收，按验收标准验收，对每道工序从头至尾自验收一遍，严把质量关，必须认真复查。

2.7.2　110kV 干式电流互感器 C 级检修

1. 危险点分析及防范措施

危险点分析及防范措施如下：

（1）误入带电间隔。应确认电流互感器四周已装设围栏并挂"止步，高压危险"标示牌，明确带电区域和施工作业区域范围。

（2）感应电，引起人身伤害意外事故。应规范使用个人保安线。

（3）高空作业（瓷套外观检查及搭头检查）时，易高空坠落。上下电流互感器的绝缘梯必须用绳绑扎牢固，规范使用保险带。

2. 检修项目及工艺标准

检修项目及工艺标准如下：

（1）检查绝缘表面清洁，无积尘和污垢，绝缘表面无放电痕迹及裂纹，铁罩无锈蚀。按照检修工艺标准进行。

（2）检查一次连接端子接触面无氧化层，紧固件齐全，连接可靠，紧固件必须可靠紧固。

（3）检查绝缘支撑板有无裂纹，有无放电痕迹。

（4）检查器身上的铭牌标志，接线标志齐全清晰，铭牌完好。

（5）检查接地端子接地可靠，接地线完好，注意螺丝的紧固程度及受力的均匀。

（6）检查现场安全措施、设备状态恢复，现场安全措施与工作票所载相符、恢复到工作许可时状态。

（7）作业组自验收，按验收标准验收，对每道工序从头至尾自验收一遍，严把质量关，必须认真复查。

2.7.3 110～500kV 电容式电压互感器 C 级检修

1. 危险点分析及防范措施

危险点分析及防范措施如下：

（1）升降机移位时与相邻电。设立升降机作业安全监护人员，注意升降机与带电设备保持足够的安全距离（110kV 时安全距离不小于 5m、220kV 时安全距离不小于 6m、500kV 时安全距离不小于 8.5m），升降机外壳应可靠接地。

（2）感应电，引起人身伤害意外事故。接地线应始终挂在线路侧，电容式器工作前临时接地（保安）线应挂上。

（3）梯子搬运或举起、放倒时发生事故。梯子应放倒二人搬运，举起梯子应两人配合防止倒向带电部位。

（4）高空作业（瓷套外观检查及搭头检查）时高空坠落。拆搭头检查等工作时，工作人员须系保险带。

2. 检修项目及工艺标准

检修项目及工艺标准如下：

（1）指挥高架车就位，注意高架车作业时保持与周围相邻带电设备的安全距离。

（2）拆除电流互感器一次接线，引线头接触面应平整。拆头作业使用工具袋，防止高处落物损坏设备瓷裙，严禁上下抛掷，拆头作业人员应正确使用安全保险带。

（3）瓷套检查，电压互感器瓷套无裂纹、损坏，瓷裙清洁，无渗漏油。一次搭头接线板、金属外壳无锈蚀。注意螺丝的紧固程度及受力的均匀。

（4）小瓷套表面清洁无脏、物瓷件完好无损密封可靠，无渗漏油；导杆螺母紧固无松动。注意螺丝的紧固程度及受力的均匀。

（5）检查二次接线板，二次导电杆处无渗漏油。接线标志牌完整，字迹清晰。二次接线板清洁，无受潮，无放电烧伤痕迹，接线柱的紧固件齐全并拧紧。注意有无放电痕迹。

（6）检查放油阀，无渗漏油、满足密封取油样的要求。

（7）各试验项目符合电气设备交接试验标准，无漏项。无关人员不得进入试验围栏。

（8）检查铭牌与各端子标示牌，铭牌与端子标志牌应该齐全无缺；牌面干净清洁，字迹清晰。

（9）检查接地端子可靠接地，接地线完好。

（10）连接搭头检查，引线头接触面应擦拭清洁、涂导电膏；螺栓连接搭头紧固，无锈蚀。作业人员必须系安全带，为防止感应电，工作前先挂临时接地线。

（11）金属件外观维护无锈蚀，补漆；相位清晰。

（12）扫尾工作及自验收，清理现场，确认现场无遗留物件；检修设备状态恢复至工作许可状态。

2.7.4　110～220kV 电磁式电压互感器 C 级检修

1. 危险点分析及防范措施

危险点分析及防范措施如下：

（1）升降机移位时与相邻电。设立升降机作业安全监护人员，注意升降机与带电设备保持足够的安全距离（110kV 时安全距离不小于 5m、220kV 时安全距离不小于 6m、500kV 时安全距离不小于 8.5m），升降机外壳应可靠接地。

（2）感应电，引起人身伤害意外事故。接地线应始终挂在线路侧，电容式器工作前临时接地（保安）线应挂上。

（3）梯子搬运或举起、放倒时发生事故。梯子应放倒二人搬运，举起梯子应两人配合防止倒向带电部位。

（4）高空作业（瓷套外观检查及搭头检查）时高空坠落。拆搭头检查等工作时，工作人员须系保险带。

2. 检修项目及工艺标准

（1）指挥升降机就位，升降机固定可靠。注意升降机作业时与周围相邻带电设备的安全距离。

（2）一次连接线拆头，引线头接触面应平整。

（3）检查金属膨胀器，密封可靠，无渗漏油，无永久性变形，放气阀内无残存气体，油位指示或油温压力指示机构灵活，指示正确，盒式膨胀器的压力释放装置完好正常，注意将放气阀内的气体排除；膨胀器可正常工作。

（4）瓷套表面进行清扫检查，整体密封完好、无渗漏；瓷套清洁、无破损。防止升降机兜与其他设备距离太近，撞坏瓷套。

（5）二次接线板及小瓷套检查，接线板清洁，无受潮，无放电烧伤痕迹，导电杆处无渗漏油、接线标志牌完整，字迹清晰，接线柱的紧固件齐全并拧紧；瓷套表面清洁无破损、密封完好、螺母紧固不松动。

（6）一次尾接地端子检查，接地线完好、可靠接地。

（7）电气试验数据合格。无关人员撤离。

（8）放油阀的检查，无渗漏油、满足密封取油样的要求。

（9）检查铭牌与各端子标示牌，铭牌与端子标志牌应该齐全无缺；牌面干净清洁，字迹清晰。

（10）检查连接线搭头，引线头接触面应擦拭清洁、涂导电膏；螺栓连接搭头紧固，无锈蚀。作业人员必须系安全带，为防止感应电，工作前先挂临时接地线。

（11）金属件外观维护，去锈蚀，底层处理和上油漆；相位清晰。

（12）扫尾工作及自验收，清理现场，确认现场无遗留物件；检修设备及安全措施恢复至工作许可状态。

2.7.5　35kV 干式电压互感器 C 级检修

1. 危险点分析及防范措施

危险点分析及防范措施如下：

（1）误入带电间隔。确认电流互感器四周已装设围栏并挂"止步，高压危险"标示牌，明确带电区域和施工作业区域范围。

（2）感应电，引起人身伤害意外事故。应规范使用个人保安线。

（3）高空作业（瓷套外观检查及搭头检查）时，易高空坠落。上下电流互感器的绝缘梯必须用绳绑扎牢固，规范使用保险带。

2. 检修项目及工艺标准

（1）检查绝缘表面清洁，无积尘和污垢，绝缘表面无放电痕迹及裂纹。

（2）检查一次引线连接，一次连接端子接触面无氧化层，紧固件齐全，连接可靠，紧固件必须可靠紧固。

（3）检查器身上的铭牌标志、接线标志齐全清晰，铭牌完好。

（4）检查一次接地线完好、可靠接地，注意螺丝的紧固程度及受力的均匀。

（5）检查二次接线板清洁，无放电烧伤痕迹，接线柱紧固件齐全并拧紧，严禁电压互感器二次回路短路。

（6）确认所有试验项目均合格。

（7）检查现场安全措施、设备状态恢复，现场安全措施恢复到工作许可时状态。

（8）作业组自验收，按验收标准验收，对每道工序从头至尾自验收一遍，严把质量关。必须认真复查。

2.8 互感器的反事故措施要求

互感器反事故措施如下：

（1）油浸式互感器应选用带金属膨胀器微正压结构型式。

（2）电容式电压互感器的中间变压器高压侧不应装设 MOA。

（3）电流互感器的一次端子所受的机械力不应超过制造厂规定的允许值，其电气连接应接触良好，防止产生过热故障及电位悬浮。互感器的二次引线端子应有防转动措施，防止外部操作造成内部引线扭断。

（4）对于 220kV 以上等级的电容式电压互感器，其耦合电容器部分是分成多节的，安装时必须按照出厂时的编号以及上下顺序进行安装，严禁互换。

（5）电流互感器一次直阻测试值与出厂值应无明显差异，交接时测试值与出厂值也应无明显差异，且相间应无明显差异。

（6）对新投运的 220kV 及以上电压等级电流互感器，1～2 年内应取油样进行油色谱、微水分析；对于厂家明确要求不取油样的产品，确需取样或补油时应由制造厂配合进行。

（7）互感器的一次端子引线连接端要保证接触良好，并有足够的接触面积，以防止产生过热性故障。一次接线端子的等电位连接必须牢固可靠。其接线端子之间必须有足够的安全距离，防止引线线夹造成一次绕组短路。

（8）加强电流互感器末屏接地检测、检修及运行维护管理。对结构不合理、截面偏小、强度不够的末屏应进行改造；检修结束后应检查确认末屏接地是否良好。

（9）加强对绝缘支撑件的检验控制。

（10）补齐较多时（表压小于0.2MPa），应进行工频耐压试验。

（11）设备故障跳闸后，应进行SF₆气体分解产物检测，以确定内部有无放电，避免带故障强送再次放电。

（12）对长期微渗的互感器应重点开展SF₆气体微水量的检测，必要时可缩短检测时间，以掌握SF₆电流互感器气体微水量变化趋势。

2.9 互感器的常见故障

2.9.1 电流互感器运行时的常见故障

（1）运行过热，有异常的焦嗅味，甚至冒烟。原因主要有二次开路或一次负荷电流过大。

（2）内部有放电声或引线与外壳间有火花放电现象。原因主要有绝缘老化、受潮引起漏电或互感器表面绝缘半导体涂料脱落。

（3）主绝缘对地击穿。原因主要有绝缘老化、受潮、系统过电压。

（4）一次或二次绕组匝间层间短路。原因主要有绝缘受潮、老化、二次开路产生高电压，使二次匝间绝缘损坏。

（5）电流互感器二次开路。

1）现象：①铁芯发热，有异常气味或冒烟；②铁芯电磁振动较大，有异常噪声；③二次导线连接端子螺丝松动处，有放电声，并可能伴随有关表计指示的摆动现象；④有关电流表、功率表、电能表指示减小或为零；⑤差动保护"回路断线"光字牌亮。

2）原因：①安装处有振动，使二次导线端子松开；②保护或控制箱上电流互感器的接线端子连接片因带电测试时误断开或连接片未压好，造成二次开路。

3）处理方法：①停用有关保护，防止保护误动；②值班人员穿绝缘靴、戴绝缘手套，将互感器的二次端子短接。若系内部故障，应停电处理；③二次开路电压很高，若限于安全距离，则必须停电处理；④若为二次端子接线脱落，在降低负荷和采取必要安全措施的情况下，可以不停电拧紧松动螺丝；⑤若内部冒烟或着火，应将该回路断开停电处理。

2.9.2 电压互感器运行时的常见故障

2.9.2.1 互感器二次回路断线或短路

1. 现象

（1）警铃响，"电压回路断线"光字牌亮。

（2）电压、周波、有功功率、无功功率等表计指示异常。

2. 原因

（1）互感器二次熔断器或隔离开关辅助触点接触不良。

（2）回路中接头松动或脱落。

（3）电压切换开关接触不良。

3．处理

（1）将互感器所带的保护及自动装置退出运行，以防误动作，如高闭距离、母差、距离、低电压、备自投等。

（2）根据电流表及其他表计的指示，对设备进行监视。

（3）分析原因，尽快查找、处理。

（4）故障消除后，尽快投入已退出的保护及自动装置。

2.9.2.2 应立即停电处理的故障

（1）高压侧熔断器连续熔断。

（2）互感受器温度过高（顶层油温不超过 55℃）。

（3）互感器内部有放电声或其他噪声。

（4）互感器有严重泄漏，看不见油位。

（5）互感器产生臭味、冒烟或着火。

2.9.3 案例分析

2.9.3.1 互感器油中单氢超标处理

近年来单氢超标的 $110 \sim 220kV$ 互感器台数逐年增加，绝大部分油中氢超标的互感器，其油中氢含量一旦出现以后，就相对比较稳定，无明显的上升趋势，产生的原因主要与绝缘油析氢性及金属膨胀器材质对绝缘油析氢的催化作用。在对单氢超标处理过程中，抽真空脱气气道密封好坏直接影响氢气脱气处理效果。

1．失败原因

分析多次真空脱气失败的案例，具体的事故原因有以下方面：

（1）整个抽真空脱气过程中气道密封不好。

1）确定内容为：不同型号的金属膨胀器节头不同，抽真空时节头不配套；橡皮管破裂，接头过多；金属膨胀器抽真空接头磨损密封不好。

2）对策内容为：向厂家定购或制作配套的抽真空节头；检查气道橡皮管有否破裂，减少接头；检查接头有否磨损。

（2）工作流程不规范。

1）确定内容为：对脱气工作过程不熟悉，工作人员未经培训；在真空注油过程中选用方法不妥当，上下都可注油，从下注油，马上取样，得到的是加入油的数据。

2）对策内容为：组织培训，熟悉脱气工作过程；在真空注油中油必须从上部注入，并注入经脱气后的油或新油。

（3）对脱气工作的重要性不明确。

1）确定内容为：不利于试验数据分析，判断设备的好、坏，氢气浓度高给互感器运行埋下隐患；不能认真对待脱气工作，往往以其他工作为重，附带脱气抽真空工作。

2）对策内容为：认真讨论氢气浓度对设备分析、判断的影响；加强工作责任心，认真对待脱气工作。

（4）整个抽真空脱气过程中电源不稳定，不可靠。

1）确定内容为：抽真空电源与其他电源线合用一个电源，造成在脱气过程中电源被迫断开现象；工作人员脱气过程中擅自离开去做其他工作，造成电源断开时无人知道，使真空脱气工作过程中有电源断开。

2）对策内容为：单独使用一个电源端子用来抽真空；重视抽真空脱气工作，整个过程中有专人看管。

（5）注用油选择有问题

1）确定内容为：注入的油可以是新油，也可以是排出的旧油，用补充新油的比较多。

2）对策内容为：用脱气后的旧油补充回互感器更好。

2. 采取措施

针对以上原因，检修人员在多个变电站共 9 台互感器上采取了一些措施，达到一定效果，主要采取如下措施：

（1）根据不同的金属膨胀器，不同类型的节头，配置或购买相应配套节头，避免真空度抽不到位，不再影响脱气工作。

（2）单独使用一个电源端子，不同其他电源共用，在工作过程中设专人看管，使整个过程中无电源中断。避免真空泵中的油倒吸，保持真空度。

（3）连续抽真空 1h 后，使用纯净的氮气从互感器底部放油阀门内注入一次，目的是使互感器内变压器油翻滚，实践证明，这样的效果非常好，在抽真空的前 2h 中，使油翻滚两次，再继续抽真空，效果非常明显。

并进行了一个真空泵同时进行两只互感器的脱气工作的尝试，效果也比较明显，状态如图 2-29、图 2-30 所示。

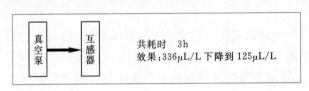

图 2-29　状态（一）变电站 2 号主变 TA A 相单只脱气

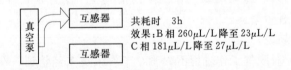

图 2-30　状态（二）变电站 2 号主变 110 号 TA B、C 相两只同时脱气

由此看出，采用了真空脱气法，减少了重复劳动，避免了职工疲于奔命，检修人员编制了 110kV 及以上互感器真空脱气作业指导书，示意图如图 2-31 所示。

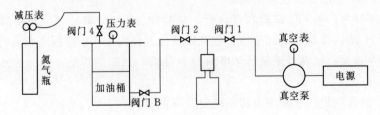

图 2-31　互感器真空脱气示意图

（1）打开互感器的放油阀，排尽金属膨胀器内的旧油，再排出部分互感器本体的旧油（一塑料桶，约20kg油），把旧油放置加油桶内进行脱气，再关闭放油阀。如遇上油从本体排不出，需在金属膨胀器注油螺口上放气。

（2）把一块干净的塑料薄膜放在水泥地上，拆除金属膨胀器外罩，放在塑料薄膜上。

（3）在金属膨胀器上装抽真空配套节头，节头一端经真空注油阀（阀门1）接加油管，另一端经真空阀（阀门2）接抽真空皮管，关闭阀门1和阀门2。

（4）在单独电源端子上接好真空泵。

（5）将抽真空皮管一端接到真空泵上，一端接到阀门1，两只互感器同时脱气，阀门1与真空泵间用三通节头连接。

（6）启动真空泵，再打开金属膨胀器节头上的阀门1，抽空10～20min，关闭阀门1，停止真空泵，检查节头气道是否漏气，密封是否良好，打开阀门1，再启动真空泵。连续抽真空1h后，将压力皮管一端接到互感器底部的放油阀上，一端接到纯净的氮气瓶上，通过皮管相互感器内注入纯净的氮气约5s左右，关闭互感器底部的放油阀，停止充氮。再继续抽真空1h后，同前面的操作过程一样注入氮气后继续抽真空1h。总的抽真空时间不得少于3h，维持真空度不低于0.098MPa。

（7）关闭阀门1，再停止真空泵。

（8）加油管一头接在加油桶阀门3上，一头接在阀门2上。

（9）加油桶上端装有一只压力表和阀门4，阀门4连接氮气皮管，氮气皮管通过减压阀与氮气瓶连接。

（10）打开氮气瓶和阀门4，通过减压表注入氮气。加油桶内氮气压力0.10～0.13MPa，把脱气后的旧油注入回本体及金属膨胀器至标准油位（金属膨胀器上标注油位）。并放尽金属膨胀器内的气体，拆除专用配套节头。

（11）清除干净金属膨胀器及本体上的油污，观察金属膨胀器螺口是否渗漏。

（12）按原方位装回金属膨胀器外罩。

2.9.3.2　互感器渗油补油处理

在电力系统中，互感器渗油现象较常发生，而互感器的补油一直是困扰检修人员的一项重大问题。通过进行ZKBY-Ⅲ便携式TV/TA补油机的补油操作学习，可有效解决。

1. 准备工作

（1）补油前需检查是否备齐了以下必需品：

1）220V电缆线盘。

2）管钳一把。

3）合格油品若干升（根据实际需求量准备）。

（2）开始补油工作前，需确认管路的连接是否正确，如图2-32所示。

（3）选配过渡接头。

1）用管钳或扳手取互感器下端取油样口的防护帽。

2）根据取油样口结构选用与之相配套的接头和顶杆。

3）将选配好的接头与专用透明接头和顶杆连接，旋开透明接头后端密封螺母，向后拉动顶杆至透明接头最后端，然后将连接好的过渡接头拧在互感器取油样口上，调整专用

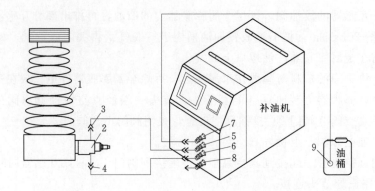

图 2-32 补油管路连接示意图

1—TV/TA 互感器；2—专用透明接头；3—出油口快换接头；4—进油口快换接头；
5—回油口快换接头；6—补油口快换接头；7—储油口快换接头；
8—排空口快换接头；9—粗滤器

透明接头，使两个快换接头处于竖直方向。

注意调整专用透明接头时，切勿用力扳透明接头上两个快换接头及其连接处，透明接头材料特殊，且由于该处结构限制，所能承受力量有限。

4）确认顶杆与互感器取油样口连接好，然后用扳手拧紧透明接头后端密封螺母。

5）用连接管将出油口快换接头与补油机回油口快换接头连接，用另一个连接管将进油口快换接头与补油口快换接头连接。

6）将储油管快换接头一端连接到补油机储油口快换接头上，把粗滤器放到盛放合格待补油品的油桶中。

2. 补油操作

接通电源，打开电源开关，真空补油机屏幕显示如图 2-33 所示。

（1）抽真空。按"真空"键，状态栏提示"可靠连接管路后按确认"，确认管路连接好后，按"确认"键，系统自动进行抽真空过程，当真空度值达到预设值后，状态栏提示"抽真空已完成"，如图 2-34 所示。

图 2-33 主界面

图 2-34 抽真空界面

（2）储油。按"储油"键，状态栏提示"把储油管放入油桶按确认"，确认将储油管带有粗滤器的一端放入油桶后，按下"确认"键，系统自动开始储油操作，此时状态栏显示"正在储油"，如图 2-35 所示。

储油过程中如果按"停止"键，则状态栏显示"停止储油"，如果按"退出"键，则状态栏显示"退出储油"，返回主界面。当储油完成后，状态栏提示"储油完成"。

注意在储油过程中，如果真空度低于设定值，系统将自动进行抽真空，当真空度达到预设值后，系统自动停止抽真空，继续储油。

（3）循环。用扳手旋转顶杆，将互感器取油样口旋到接通位置，观察专用过渡接头上的液位视窗，当视窗中出现的油品达到 1/2 时，再将互感器取油样口旋到不通位置。此时专用透明接头和 TV/TA 取油样口之间的少量气体被挤入专用透明接头中。

按"循环"键，状态栏提示"检查管路安全可靠按确认"，确认管路连接好后按下"确认"键，状态栏显示"循环中"，整个循环过程需要 4min，如图 2-36 所示。

图 2-35　储油界面

循环结束后连接管油品中若有气泡，间隔 2min 后，可再次循环，直到连接管油品中没有任何气泡。建议循环 3 次以上。循环中可按"停止"键，停止循环。

注意在循环过程中，当油位低于系统允许的最低油位时，系统会自动储油，储油完成后继续循环；当真空度低于预设值时，系统会自动抽真空，抽真空完成后继续循环。

（4）补油。用扳手旋转顶杆，将互感器取油样口旋到接通位置，按下"补油"键，状态栏提示"打开取油样口按确认"，确认打开取油样口后，按"确认"键，状态栏显示"正在补油"，如图 2-37 所示。

图 2-36　循环界面

当油位符合要求后，按"退出"键停止补油，然后用扳手旋转顶杆，将互感器取油样口重新旋到不通位置。

注意：在补油过程中，如果补油压力超过系统设定的最高压力时，系统自动停止补油，状态栏显示"油压过高，停止补油"，请再次确认互感器取油口是否打开；如果储油罐中油量不足时，系统会自动停止补油进入储油状态，如果真空度达不到预设值，系统会自动抽真空，储油完成后，系统会自动继续补油。

图 2-37　补油界面

（5）排空。按"排空"键，状态栏提示"关闭 TV/TA 油嘴后把补油管换插在回油口上按确认"，如图 2-38 所示。

确认已将补油管换插在回油口后，按"确认"键，状态栏显示"排空中"，3s 后，把回油管换插在排空口上，待管路中的油全部抽回油箱后，按"退出"键退出。

拆除回油管及补油管，然后用扳手拧松透明接头后端密封螺母，向后拉动顶杆，取下互感器过渡接头。如果不再进行补油，可进入放油操作。

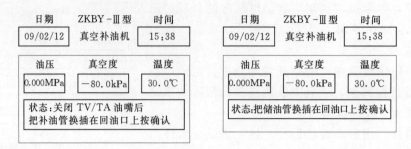

图 2-38　排空界面　　　　图 2-39　放油界面

3. 结束工作

按"放油"键，状态栏提示"把储油管换插在补油口上按确认"，如图 2-39 所示。

把储油管换插在补油口上后，按"确认"键，状态栏显示"正在放油"。此时，油泵将油箱中的油快速排出，等油排净后，按"退出"键或"停止"键退出放油。

注意在放油完成后，拆除所有连接管路，按"真空"键，对补油机进行抽真空处理。

2.9.3.3　110kV 电流互感器内部故障案例

1. 案例现象

某 110kV 倒置式电流互感器，2007 年 9 月投入运行。2013 年 4 月 24 日，运行人员日常巡视对该电流互感器进行了红外热成像检测。在检测过程中发现 A 相电流互感器顶部温度异常，表面最高温度 25.4℃，负荷电流 62.8A。正常相 19.6℃，负荷电流 62.8A，环境温度 17.3℃。发现异常情况后，立即安排对该组流变进行了取样试验，2013 年 4 月 26 日，对 A 相进行油色谱分析，检测出油中含氢气 13519.43μL/L，甲烷 1451.04μL/L，乙烷 2787.94μL/L，乙烯 30.92μL/L，乙炔 30.03μL/L，烃总 4300.03μL/L，油色谱试验数据严重超标，经分析后认为是内部故障原因所致，立即安排对该组流变进行了整组更换。

2. 故障分析

(1) 红外测温分析情况。在进行红外热成像检测时，发现 A 相流变顶部有轻微发热现象，相同部位 A 相与 B 相、C 相存在 6℃左右温差，对该部位进行了精确测温，选择成像的角度、色度，拍下了清晰的图谱，如图 2-40 所示。

对图谱相间热像及可见光照片进行了比较分析，B 相流变红外热像如图 2-41 所示，A 相流变可见光照片如图 2-40 所示，B 相流变可见光照片如图 2-41 所示。

对图谱的认真分析后发现 A 相流变顶部温度异常，表面最高温度 25.4℃，负荷电流 62.8A。正常相 19.6℃，负荷电流 62.8A，环境温度 17.3℃。根据《带电设备红外诊断技术应用导则》（DL/T 644—2008）中的公式计算，相对温差为 71.6%，温度升高 6℃。通过比对分析发现 A 相流变顶部有轻微发热现象，相同部位 A 相与 B 相、C 相存在 6℃左右温差，同时从外观上看该发热部位有少量积污情况。初步判断该流变可能存在内部缺陷，导致绝缘油外溢，引起外表面积污和发热，具体情况需进一步的检测分析。

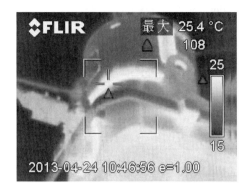
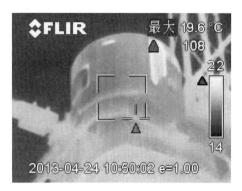

图 2-40 A 相流变 (62.8A) 红外热像　　　图 2-41 B 相流变 (62.8A) 红外热像

（2）油色谱分析情况。发现 A 相发热现象后，立即组织人员对该组流变进行取油样色谱分析，分析结果如表 2-2 所示。

表 2-2　　　　　　　　　　该流变油色谱分析数据

相别	各组分含量/$(\mu L \cdot L^{-1})$							
	H_2	CH_4	C_2H_6	C_2H_4	C_2H_2	总烃	CO	CO_2
A	13519.43	1451.04	2787.94	30.92	30.03	4300.03	32.86	244.97
B	11.27	3.26	0.78	0.17	0	4.21	354.38	204.17
C	5.84	3.10	0.76	0.17	0	4.03	344.82	135.46

依据 Q/GDW 168—2008 和《变压器油中溶解气体色谱分析和判断导则》（GB/T 7252—2001），A 相流变氢气、乙炔及总烃含量均严重超注意值。三比值编码 1，1，0，故障类型为低能量放电，立即向上级主管部门汇报。

（3）停电电气试验情况。在停电后，立即进行了相关电气试验，发现 A 相流变介损因数 tanδ 相间偏差较大，试验数据如表 2-3 所示。

表 2-3　　　　　　　　　　油色谱分析数据

相别	正接		反接	
	介损因数 tanδ	电容量/pF	介损因数 tanδ	电容量/pF
A	0.00718	148.8	0.00329	1525
B	0.00215	148.5	0.00164	1575
C	0.0022	149.2	0.00169	1641
天气情况	试验日期：2013 年 4 月 26 日，天气：晴，温度：28℃，湿度：37%			

A 相流变正接线和反接线介损因数虽未超出规程规定值，但对比 B 相、C 相明显偏大，查阅历年试验报告，试验数据如表 2-4 所示。

表 2 - 4 　　　　　　　　　　　　＊＊线流变历年介损因数 **tanδ** 及电容量数据

相别	正接		反接	
	介损因数 tanδ	电容量/pF	介损因数 tanδ	电容量/pF
A	0.00157	147.57	0.00121	1585
B	0.0017	148.1	0.0012	1509
C	0.00162	148.64	0.00124	1578
天气情况	试验日期：2007 年 9 月 17 日，天气：晴，温度：27℃，湿度：53％			

依据 Q/GDW 168—2008，A 相流变介损因数虽未超出注意值，但与历史试验报告比较，增长明显，B 相、C 相正常。经纵横比分析，A 相偏差正接法达＋249.03％，反接法达＋99.23％，均存在显著差异。综合分析判断，该流变因制造工艺不良，投入运行后，内部长期存在低能量放电现象，需立即进行更换处理。

3. 建议

(1) 红外热成像检测技术能行之有效的发现设备过热缺陷，除了正常的缺陷标准定性外，运行人员红外测温时能通过设备三相间的对比发现温度差异，再利用其他检测手段综合检测分析判断，能有效发现设备缺陷，避免缺陷发展为故障。

(2) 本案例是典型的电压致热性缺陷，对于电压致热性缺陷，由于温度变化不是很明显，不易被发觉，故对检测人员的检测技能和责任心要求较高，需注重对相间温度的比对。

(3) 油色谱分析对充油设备内部的过热性故障、放电性故障反应灵敏，能准确、可靠地发现充油电气设备内部的各类潜伏性缺陷，是一种成熟、有效的技术监督手段。

(4) 油色谱分析的准确性影响因素较多，对试验人员的综合素质要求较高。无论从取样、储存、分析哪个环节中的哪个细节出了差错都会直接影响分析结果的准确性。

(5) 油色谱分析结果结合其他带电检测手段和停电电气试验方法进行综合分析，对于准确判断故障类型和故障部位，确定处理方案都有十分重要的意义。

第3章 避雷器检修

避雷器，又叫做过电压限制器，其作用是把已侵入电力线、信号传输线的雷电过电压及系统内的暂时过电压、操作过电压，限制在一定范围之内，保证用电设备不被高电压冲击击穿。

避雷器在正常工作电压下，流过避雷器的电流仅有微安级，相当于一个绝缘体，当遭受过电压的时候，避雷器阻值急剧减小，使流过避雷器的电流可瞬间增大到数千安培，避雷器处于导通状态，释放过电压能量，从而有效地限制了过电压对输变电设备的侵害。常用的避雷器种类繁多，但目前系统普遍采用氧化锌避雷器，故本书着重对氧化锌避雷器进行介绍。

3.1 避雷器的基础知识

3.1.1 电力系统过电压

避雷器是用以限制由线路传过来的雷电过电压（或大气过电压）和电力系统内部过电压的一种电气设备。

过电压指超过正常运行电压并可使电力系统绝缘或保护设备损坏的电压升高，可分为三大类：暂时过电压、操作过电压、雷电过电压。暂时过电压、操作过电压是由于电力系统中，断路器的操作或系统故障，使系统参数发生变化，由此引起系统内部能量转化或传递而产生的过电压，称为内部过电压。由雷电过电压引起的称为外部过电压。

（1）暂时过电压包括工频电压升高和谐振过电压，持续时间相对较长，暂时过电压的产生原因主要是空载线路的长线路的电容效应、不对称接地故障、负荷突变以及系统中发生的线性或非线性谐振等。暂时过电压的严重程度取决于其幅值和持续时间，在超高压系统中，工频电压升高具有重要作用，因为：①其大小直接影响操作过电压的幅值；②其数值是决定避雷器额定电压的重要依据；③持续时间长工频电压升高可能危急设备的安全运行。

（2）操作过电压即电磁过渡过程中的过电压，一般持续时间在 0.1s 内。在中性点直接接地系统中，常见的操作过电压有：合闸空载线路过电压、切除空载线路过电压、切除空载变压器过电压以及解列过电压等，以合闸（包括重合闸）过电压最为严重。在中性点非直接接地系统中，主要是弧光接地过电压。

（3）雷电过电压可分为以下情况：

1）感应过电压：在输电线路附近发生雷云对地放电时线路上产生的过电压，这种过电压在极少的情况下才达到 500～600kV，因此只对 35kV 及以下电网才有危害。

2）雷击导线、绕击时的过电压：直接雷过电压在没有避雷线的情况下发生，但有避雷线时仍有可能绕过避雷线而击于线路上，但其概率很小。

3）雷击避雷线或杆塔时引起的反击：雷击杆塔时由于杆塔的电感和接地电阻，使本来地电位的杆塔具有很高的电位，引起绝缘子逆闪，将高电位加到导线上。

对220kV及以下电力系统，绝缘水平一般由大气过电压决定。其保护装置主要是避雷器，以避雷器的保护水平为基础决定设备的绝缘水平，并保证输电线路有一定的耐雷水平。对于这些设备，在正常情况下应能耐受内部过电压的作用，因此一般不专门采用针对内部过电压的限制措施。

随着电压等级的提高，操作过电压的幅值将随之提高，所以对330kV及以上的超高压系统，操作过电压将逐渐起到控制作用，一般采用专门限内部过电压的措施。

3.1.2 避雷器的基本原理

避雷器是用来限制过电压的，它实质上是一种放电器，并联连接在保护设备附近，当作用电压超过避雷器的放电电压时，避雷器即先放电，限制了过电压的发展，从而保护了电气设备免遭击穿损坏。

避雷器的发展、结构的设计和改进主要围绕下述两点基本要求而进行。

（1）具有良好的伏秒特性，以易于实现合理的绝缘配合。绝缘强度的配合中对避雷器的伏秒特性的要求不仅要位置低，而且形状平直。工程上通常用冲击系数来反映伏秒特性的形状，冲击系数是指冲击放电电压与工频放电电压之比，其比值越小，伏秒特性越平缓。避雷器伏秒特性的上限不应高于电气设备伏秒特性的下限，如图3-1所示。

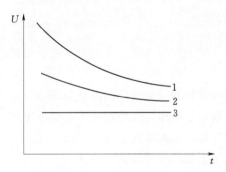

图3-1 避雷器与电气设备的伏秒特性配合
1—电气设备的伏秒特性；2—避雷器的伏秒特性；
3—电气设备上可能出现的最高工频电压

（2）应有较强的绝缘自恢复能力，以利于快速切断工频续流，使电力系统得以继续运行。避雷器一旦在冲击放电压作用下放电，就造成系统对地短路。此后雷电过电压虽然过去，但工频电压却相继作用在避雷器上，使其通过工频续流，以电弧放电的形式出现。避雷应当具有自行切断工频续流恢复绝缘强度的能力，使电力系统能够继续正常运行。

3.1.3 避雷器的常用参数

避雷器的持续运行电压是指允许长期连续施加在避雷器两端的工频电压有效值。基本上与系统的最大相电压相当（系统最大运行线电压除以$\sqrt{3}$）。

避雷器的额定电压即避雷器两端之间允许施加的最大工频电压有效值。正常工作时能够承受暂时过电压，并保持特性不变，不发生热崩溃。

避雷器的残压是指放电电流通过避雷器时，其端子间所呈现的电压。

3.1.3.1 避雷器额定电压 U_r

施加到避雷器端子间的最大允许工频电压有效值，按照此电压所设计的避雷器，能在所规定的动作负载试验中确定的暂时过电压下正确工作。它是表明避雷器运行特性的一个重要参数，但不等于系统标称电压。

3.1.3.2　避雷器持续运行电压 U_c

允许持久地施加在避雷器两端的工频电压有效值，避雷器吸收过电压能量后温度升高，在此电压作用下能正常冷却，不发生热击穿。

3.1.3.3　参考电压（起始动作电压）U_{1mA}

通常以通过 1mA 工频电流阻性分量峰值或直流幅值时避雷器两端电压峰值 U_{1mA} 定义为参考电压，从这一电压开始，认为避雷器进入限制过电压的工作范围，所以也称为转折电压。

3.1.3.4　压比 k

压比指避雷器通过波形为 $8/20\mu s$ 的标称冲击放电流时的残压与起始动作电压之比，例如 5kA 压比为

$$k = U_{5kA}/U_{1mA} \tag{3-1}$$

压比越小，表明残压越低，保护性能越好。

3.1.3.5　荷电率 η

荷电率表征单位电阻片上的电压负荷，计算为

$$\eta = \sqrt{2}U_c/U_{1M} \tag{3-2}$$

荷电率的高低对避雷器老化程度的影响很大，在中性点非有效接地系统中，一般采用较低的荷电率，而在中性点直接接地系统中，采用较高的荷电率。

3.2　避雷器的结构

对于电力避雷器有两点基本要求：①避雷器的伏秒特性的上限不得高于电气设备的伏特特性的下限；②要求避雷器间隙绝缘强度的恢复程度高于避雷器上恢复电压的增长程度。

3.2.1　避雷器的型号与附件

1. 避雷器的型号

避雷器由主体元件、绝缘底座、接线盖板等组成，其附件主要有避雷器监测器（或放电计数器）和均压环（220kV 以上等级具有）等，如图 3-2 所示。

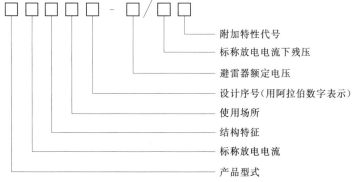

图 3-2　避雷器产品型号

避雷器产品型号说明如下：

（1）产品型式中，Y 表示瓷套式金属氧化物避雷器；YH（HY）表示有机外套金属氧化物避雷器。

（2）结构特征：W 表示无间隙；C 表示串联间隙。

（3）使用场所：S 表示配电型；Z 表示电站型；R 表示并联补偿电容器用；D 表示电机用；T 表示电气化铁道用；X 表示线路型。

（4）附加特性：W 表示防污型；G 表示高原型；TH 表示湿热带地区用；DL 表示电缆型避雷器（优点：产品采用全密封结构，爬电距离大，能适用于重污染场所）。

2. 避雷器附件

（1）避雷器监测器。避雷器监测器（以下简称监测器）是串联在避雷器低压端，用来监测避雷器泄漏电流的变化、动作次数以及报知的一种设备，适用于电力系统各种电压等级氧化锌避雷器、碳化硅避雷器的运行监测。按其使用对象可分为瓷壳或复合外套避雷器和 GIS 罐式避雷器用两种。按其配套避雷器的系统标称电压可分为 35kV、110kV、220kV、330kV、500kV、750kV、1000kV 等。

（2）均压环。避雷器上部均压环用来改善电场分布，防止避雷器的上下节电压分布严重不均匀（220kV 以上等级具有），110kV 及以下一般不分节且电压低电场强度比较弱，所以不装均压环。

图 3-3　保护间隙避雷器

3.2.2　避雷器分类

避雷器可分类为保护间隙避雷器、排气式避雷器、阀型避雷器、氧化锌避雷器。

3.2.2.1　保护间隙避雷器

保护间隙避雷器如图 3-3 所示。

常见保护间隙避雷器由主间隙和辅助间隙构成。

（1）主间隙采用角形，使工频续流电弧在自身电动力和热气流的作用下，易于上升被拉长而自行熄灭。

（2）辅助间隙的作用为防止主间隙被外物短接而造成接地短路事故。

等效电路如图 3-4 所示。

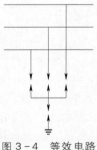

图 3-4　等效电路

3.2.2.2　排气式避雷器

排气式避雷器由产气管、内部间隙，外部间隙 3 部分组成，并密封在瓷管内。

（1）外部间隙的作用是使产气管在正常运作时隔离工作电压和内部电压。

（2）内部间隙和产气管共同作用是产生高压气体吹动电弧，使工频续流第一次过零时熄灭。

等效电路如图3-5所示。

3.2.2.3 阀型避雷器

阀型避雷器由放电间隙和非线形电阻阀片组成，并密封在瓷管内。

（1）放电间隙是由若干个标准单个放电间隙（间隙电容）串联而成，并联一组均压电阻，可提高间隙绝缘强度的恢复能力。

（2）非线形电阻阀片也是由许多单个阀片串联而成，其静态伏安特性（图3-6）可限制工频续流，雷电流通过时，端部不会出现很高的电压，改善避雷器保护性能。

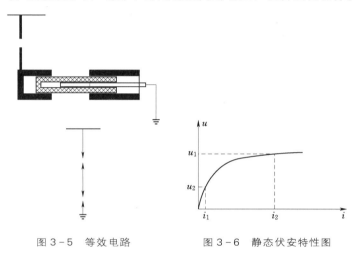

图3-5 等效电路　　　　图3-6 静态伏安特性图

等效电路如图3-7所示。

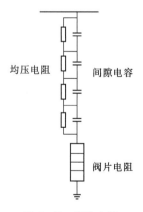

图3-7 等效电路

3.2.2.4 氧化锌避雷器

氧化锌避雷器主要由氧化锌（ZnO）阀片柱、芯棒、外绝缘裙套、密封填充胶和电极5部分组成。整体结构如图3-8所示。

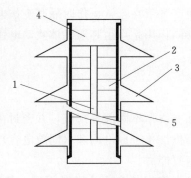

图 3-8 氧化锌避雷器整体结构
1—环氧玻璃钢芯棒；2—ZnO阀片；3—硅橡胶裙套；
4—铝合金电极；5—高分子密封填充胶

氧化锌避雷器的阀片材料是氧化锌（ZnO）为主，适当添加氧化铋（Bi_2O_3）、氧化钴（Co_2O_3）、二氧化锰（MnO_2）、氧化锑（Sb_2O_3）等金属氧化物。加工成颗粒状混合搅拌均匀，然后烘干，压制成工作圆盘。经高温烧结制作而成，阀片表面喷涂一层金属粉末（铝粉），其侧面应涂绝缘层（釉，由陶瓷釉向玻璃釉发展）。将阀片按照不同的技术条件进行组合，装入瓷套内密封。

1. 氧化锌避雷器的特性

氧化锌避雷器采用具有极优异伏安特性的氧化锌（ZnO）阀片作为保护单元，取代了SiC和火花间隙（图3-9）。

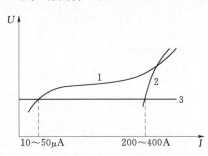

图 3-9　两种电阻片伏安特性的比较
1—ZnO电阻片；2—SiC电阻片；
3—系统相电压

在正常系统电压作用下，氧化锌避雷器阀片呈高阻状态，流过避雷器的电流可视为无续流。当有过电压作用时，阀片立刻呈现低阻状态，将能量迅速释放，此后即恢复高阻状态，迅速截断工频续流，由于氧化锌阀片具有优异的非线性特性，所以氧化锌避雷器不用串联间隙。

2. 氧化锌避雷器的优缺点及劣化原因

（1）氧化锌避雷器的优点。

1）保护特性优异，没有放电延时，伏秒特性比较平坦，残压水平较低。

2）无续流，动作负载轻，在大电流长时间重复动作的冲击作用下，特性稳定。

3）运行性能良好，耐冲击能力强；耐污秽性能较好。

4）实用性好，结构简单，高度低，安装维护方便。

5）不存在间隙放电电压随避雷器内部气压变化而变化的问题，因此无间隙避雷器是理想的高原地区避雷器。

6）特别适合用于直流输电设备的保护。直流电弧不像交流电弧有自然过零点，因此熄弧比较困难。无间隙避雷器不存在灭弧问题，所以用作直流避雷器是很理想的。

7）作为 SF_6 全封闭组合电器中的一个组件是特别适合的。这可解决传统避雷器的间隙在 SF_6 中放电分散性大和放电电压易随气压变化而变化等问题。

8）用于重污秽地区比传统避雷器优越，不存在污秽影响间隙电压分布问题。

9）陡波下保护特性改善。不存在间隙放电电压随雷电波陡度的增加而增大的问题。陡波下保护特性有可能得到改善。

（2）氧化锌避雷器不足之处。由于没有放电间隙，阀片将因长期直接承受工频电压的作用产生劣化现象，引起阀片电阻值的降低，泄露电流增加，其阻性分量电流是有功分量，它急剧增加势必加速阀片老化速度，可能在遇到操作冲击波作用，其能量被吸收时，因阀片的损耗功率超过其散热功率，阀片温度上升而发生热崩溃，造成避雷器爆炸事故。受潮与老化是引起氧化锌避雷器故障的两个根本原因。

（3）氧化锌避雷器劣化的主要原因。

1）由于密封不当引起内部受潮占相当比例，泄漏成倍增长，绝缘显著下降，有时形成局部导电通道致使发生内部湿闪络。

2）某些氧化锌避雷器本身设计的荷电率太高，负荷过重。另外因电位分布不均，导致局部电阻片老化加速，由于电阻片在工作电压下呈现负的温度系数，使这种状况更为严重，它的高次谐波阻性电流也同步迅速增大。

3）由于氧化锌避雷器表面污秽的不均匀导致电位分布的不均匀性而引起局部荷电率过高，还可以引起局放造成脉冲电流的产生，使氧化锌避雷器的侧面绝缘减弱，引起泄漏电流增大。

4）异常运行条件及其他原因引起的氧化锌避雷器事故。如谐振、直击雷等。

在中性点非直接接地的 $10\sim35kV$ 电力系统中，当发生单相接地故障时，一般允许带单相接地故障运行两小时甚至更长，而线路断路器不跳闸，这样其他两健全相的电压升高到线电压，这对无间隙的氧化锌避雷器来说是严峻的考验。如果此时发生弧光接地或谐振过电压，氧化锌避雷器动作放电时就有爆炸损坏的可能，从而造成事故。

3.3 氧化锌避雷器的安装

避雷器安装在被保护设备上，过电压由线路传到避雷器，当其值达到避雷器动作电压时避雷器动作，将过电压限制到某一定水平（称为保护水平）。过电压之后，避雷器立即恢复截止状态，电力系统恢复正常状态。避雷器应符合下列基本要求：①能长期承受系统的持续运行电压，并可短时承受可能经常出现的暂态过电压；②在过电压作用下，其保护水平满足绝缘水平的要求；③能承受过电压作用下放电电流产生的能量；④过电压之后能迅速恢复正常工作状态。

氧化锌避雷器安装作业流程如图 3-10 所示。

1. 施工准备

（1）技术准备。按规程、生产厂家安装说明书、图纸、设计要求及施工措施对施工人员进行技术交底，交底要有针对性。

（2）人员组织。技术负责人、安装负责人、安全质量负责人和技术工人。

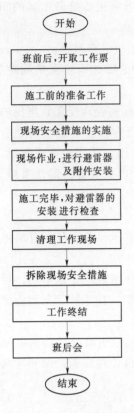

开始

班前后，开取工作票

施工前的准备工作

现场安全措施的实施

现场作业:进行避雷器及附件安装

施工完毕,对避雷器的安装进行检查

清理工作现场

拆除现场安全措施

工作终结

班后会

结束

图 3 – 10　氧化锌避雷器
安装作业流程图

（3）机具的准备。按施工要求准备机具，并对其性能及状态进行检查和维护。

（4）施工材料准备。须准备金具、槽钢、钢板、螺栓等材料。

2. 设备基础安装及检查

（1）根据设备到货的实际尺寸，核对土建基础是否符合要求，包括位置、尺寸等，底架横向中心线误差不大于 10mm，纵向中心线偏差相间中心偏差不大于 5mm。

（2）设备底座基础安装时，要对基础进行水平调整及对中，可用水平尺调整，用粉线和卷尺测量误差，以确保安装位置符合要求，要求水平误差不大于 2mm，中心误差不大于 5mm。

3. 设备开箱检查

（1）与生产厂家、监理及业主代表一起进行设备开箱，并记录检查情况；开箱时小心谨慎，避免损坏设备。

（2）开箱后检查瓷件外观应光洁无裂纹、密封应完好，附件应齐全，无锈蚀或机械损伤现象。

（3）氧化锌避雷器各节的连接应紧密；金属接触的表面应清除氧化层、污垢及异物，保护清洁。检查均压环有无变型、裂纹、毛刺。

4. 氧化锌避雷器的安装

（1）认真参考生产厂家说明书，采用合适的起吊方法，施工中注意避免碰撞。

（2）三相中心应在同一直线上，铭牌应位于易观察的同一侧。

（3）氧化锌避雷器应按厂家规定垂直安装，必要时可在法兰面间垫金属片予以校正。氧化锌避雷器接触表面应擦拭干净，除去氧化膜及油漆。

（4）对不可互换的多节基本元件组成的氧化锌避雷器，应严格按出厂编号、顺序进行叠装，避免不同氧化锌避雷器的各节元件相互混淆和同一氧化锌避雷器的各节元件的位置颠倒、错乱。

（5）均压环应水平安装，不得倾斜，三相中心孔应保持一致。

（6）监测器应密封良好，安装位置应与氧化锌避雷器一致，以便于观察。计数器应密封良好，动作可靠，三相安装位置一致。计数器指示三相统一，引线连接可靠，引线宜为黑色。

（7）氧化锌避雷器的引线与母线、导线的接头，截面积不得小于规定值，并要求上下引线连接牢固，不得松动。

（8）安装后保证垂直度符合要求，同排设备保证在同一轴线，整齐美观，螺栓紧固均匀，按设计要求进行接地连接，相色标志应正确。

3.4 氧化锌避雷器投运验收标准

3.4.1 验收要求

（1）验收人员根据技术协议、设计图纸、技术标准和验收文档开展现场验收。

（2）验收中发现的问题必须限时整改，存在较多问题或重大问题的，整改完毕应重新组织验收。

（3）验收完成前，必须完成相关图纸的校核修订。

（4）变电站应保存一份竣工图纸和验收文档。

（5）施工单位将备品、备件移交运行单位。

3.4.2 验收前应具备条件

（1）变电站氧化锌避雷器已安装就位。

（2）氧化锌避雷器的所有引线和接地引下线全部安装完成。

（3）氧化锌避雷器全电流监测装置或放电计数器，已安装完成。

（4）已完成对氧化锌避雷器本体和附件，包括底座或合成绝缘串联间隙、全电流监测装置或放电计数器的交接验收试验。

（5）氧化锌避雷器的验收文档、安装调试报告已编制并经审核完毕。

（6）施工图、竣工图、各项调试及试验报告、监理报告等技术资料和文件已整理完毕。

3.4.3 氧化锌避雷器的资料验收要求

氧化锌避雷器的资料验收：新建、扩建、改造变电站氧化锌避雷器应检查已具备以下相关资料及可修改的电子化图纸资料：

（1）变电站一次接线图（含运行编号）。

（2）设备订货相关文件、订货技术合同和技术协议等变更设计的证明文件。

（3）变更设计的实际施工图。

（4）制造厂提供的主、附件产品说明书。

（5）制造厂提供的主、附件产品试验记录。

（6）制造厂提供的主、附件合格证件。

（7）制造厂提供的安装图纸。

（8）开箱验收记录。

（9）监理报告。

（10）缺陷处理报告。

（11）现场安装及调试报告。

（12）氧化锌避雷器本体和附件（包括底座、全电流监测装置或放电计数器）的交接试验记录及报告。

（13）设备、专用工具及备品清单。

（14）其他资料。

3.4.4　氧化锌避雷器验收

1. 检查氧化锌避雷器本体安装质量

（1）对照氧化锌避雷器本体和附件设备清单，检查设备现场配置情况，应与设备清单内容和数量相符。

（2）部件规格符合设计要求。

（3）垂直度符合要求，三相应在同一直线上。

（4）本体和底座安装牢固。

（5）接地线连接正确、可靠、标准。

（6）均压环均匀水平。

（7）构架接地安装符合标准。

（8）紧固螺丝符合安装要求。户外氧化锌避雷器采用热镀锌紧固螺丝。

（9）瓷套式氧化锌避雷器本体防爆膜保护盖板已拆除。

（10）上（中、下）节安装顺序和位置正确。

（11）相序标志清晰、正确。

（12）外部表面检查无裂纹、无破损变形。

（13）无放电痕迹。

（14）法兰面封口处检查密封良好。

2. 检查氧化锌避雷器监测器安装质量

（1）安装高度大于 2.5m。

（2）安装方位便于巡视、观测。

（3）监测器符合设计要求，指示正确，动作次数应归零。

（4）密封性能良好。

（5）连接线宜采用软连接。

（6）接地引下线规格符合设计要求，接触良好，工艺美观。

3. 检查引线的安装质量

（1）引线规格符合设计要求。

（2）引线无散股。

（3）设备线夹使用符合标准，接触面应打磨并涂上导电脂。

（4）引线相间距离和对地距离符合标准要求。

（5）连接、紧固螺丝应用热镀锌螺丝，安装紧固，规格符合标准。

（6）油漆完整，接地引下线油漆符合有关标准。

（7）应有两根与主接地网不同地点连接的接地引下线，且每根接地引下线均应符合热稳定的要求。

（8）引线长度合适、接线美观。

（9）连接线和接地引下线防腐完好，标志齐全、明显。

3.5　氧化锌避雷器状态检修导则

3.5.1　氧化锌避雷器状态检修原则

状态检修应遵循"应修必修，修必修好"的原则，依据设备状态评价的结果，考虑设备风险因素，动态制定设备的检修计划，合理安排状态检修的计划和内容。

氧化锌避雷器状态检修工作内容包括停电、不停电测试和试验以及停电、不停电检修维护工作。

新投运设备投运初期按国家电网公司 Q/GDW 168—2008 规定（110kV/66kV 的新设备投运后 1～2 年，220kV 及以上的新设备投运后 1 年），应安排例行试验，同时还应对设备及其附件进行全面检查，收集各种状态量，并进行一次状态评价。

对于运行达到一定年限，故障或发生故障概率明显增加的设备，宜根据设备运行及评价结果，对检修计划及内容进行调整。

3.5.2　氧化锌避雷器状态检修分类及项目

按工作性质内容及工作涉及范围，氧化锌避雷器检修工作分为四类：A 类检修、B 类检修、C 类检修、D 类检修。其中 A、B、C 类是停电检修，D 类是不停电检修。

（1）A 类检修。A 类检修是指氧化锌避雷器整体（整节）的更换和返厂检修、修后试验。

（2）B 类检修。B 类检修是指氧化锌避雷器外部部件的维修、更换和试验。

（3）C 类检修。C 类检修是对氧化锌避雷器常规性检查、维修和试验。

（4）D 类检修。D 类检修是对氧化锌避雷器在不停电状态下进行的带电测试、外观检查和维修。

氧化锌避雷器的检修分类及检修项目如表 3-1 所示。

表 3-1　　　　　　　　　氧化锌避雷器检修分类及检修项目

检修分类	检修项目
A 类检修	A.1　整体（整节）更换 A.2　返厂检修 A.3　相关试验
B 类检修	B.1　均压环、底座、计数器泄漏电流表检修或更换 B.2　相关试验
C 类检修	C.1　按 Q/GDW 168—2008 规定进行例行试验 C.2　清扫、检查、维修
D 类检修	D.1　外观检查 D.2　检修人员专业巡视 D.3　带电检测

3.5.3 氧化锌避雷器的状态检修策略

氧化锌避雷器状态检修策略既包括年度检修计划的制订，也包括缺陷处理、试验、不停电的维修和检查等。检修策略应根据设备状态评价的结果动态调整。

年度检修计划每年至少修订一次。根据最近一次设备状态评价结果，考虑设备风险评估因素，并参考厂家的要求确定下一次停电检修时间和检修类别。在安排检修计划时，应协调相关设备检修周期，尽量统一安排，避免重复停电。

对于设备缺陷，根据缺陷性质，按照缺陷管理有关规定处理。同一设备存在多种缺陷，也应尽量安排在一次检修中处理，必要时，可调整检修类别。C类检修正常周期宜与试验周期一致。不停电维护和试验根据实际情况安排。

1. "正常状态"检修策略

被评价为"正常状态"的氧化锌避雷器，执行C类检修。根据设备实际情况，C类检修可按照正常周期或延长一年执行。在C类检修之前，可以根据实际需要适当安排D类检修。

2. "注意状态"检修策略

被评价为"注意状态"的氧化锌避雷器，执行C类检修。如果单项状态量扣分导致评价结果为"注意状态"时，宜根据实际情况提前安排C类检修。如果仅由多项状态量合计扣分导致评价结果为"注意状态"时，可按正常周期执行，并根据设备的实际情况，增加必要的检修和试验内容。

被评价为"注意状态"的氧化锌避雷器应适当加强D类检修。

3. "异常状态"检修策略

被评价为"异常状态"的氧化锌避雷器，根据评价结果确定检修类别，并适时安排检修。实施停电检修前应加强D类检修。

4. "严重状态"检修策略

被评价为"严重状态"的氧化锌避雷器，根据评价结果确定检修类别和内容，并尽快安排检修。实施停电检修前应加强D类检修。

3.6 氧化锌避雷器巡检项目及要求

3.6.1 氧化锌避雷器的巡检项目

（1）瓷套有无裂纹、破损及放电现象，表面有无严重污秽。

（2）法兰、底座瓷套有无破裂。

（3）均压环有无松动、锈蚀、倾斜、断裂。

（4）氧化锌避雷器内部有无响声。

（5）与氧化锌避雷器连接的导线及接地引下线有无烧伤痕迹或烧断、断股现象，接地端子是否牢固。

（6）氧化锌避雷器动作记录的指示数是否有改变（即判断氧化锌避雷器是否动作），

泄漏电流是否正常（即判断氧化锌避雷器内部是否正常），监测器连接线是否牢固，监测器内部（罩内）有无积水。

3.6.2 氧化锌避雷器巡检异常情况分析

氧化锌避雷器巡检异常情况分析如表 3-2 所示。

表 3-2   氧化锌避雷器巡检异常情况分析

项目	现象	原因分析
泄漏电流	读数异常增大	内部受潮（增大较大，已到警戒区域，或出现顶表，应申请停电），注意应综合气候、环境及历史数据，并结合红外测温图像分析
	读数降低甚至为 0	（1）支持底座瓷瓶过度脏污或天气潮湿，使表面泄漏电流增大，造成分流加大，使读数降低。 （2）引下线松脱或电流表内部损坏。 （3）表计指针卡涩（可通过拍打看能否恢复）
动作次数	动作次数增加	遭受过电压，氧化锌避雷器动作
监测器外观	积水、脏污	封堵不严、环境恶劣

3.6.3 氧化锌避雷器运行注意事项

（1）雷雨时，人员严禁接近防雷装置，以防止雷击泄放雷电流产生危险的跨步电压对人的伤害，防止氧化锌避雷器上产生较高电压对人的反击，防止有缺陷的氧化锌避雷器在雷雨天气可能发生爆炸对人的伤害。

（2）500kV 氧化锌避雷器泄漏电流值相与相之间差值不能超过 20%，以及每相泄漏电流值变化不能超过 20%。

（3）氧化锌避雷器的泄漏电流明显增加时，应申请停电试验，查明原因进行处理。

3.7 氧化锌避雷器的检修

氧化锌避雷器的常规性检修以 C 级检修为主，故本章着重介绍氧化锌避雷器的 C 级检修。

3.7.1 110~500kV 氧化锌避雷器 C 级检修工作

1. 危险点分析及防范措施

（1）升降车移位时与相邻设备带电距离过近时，应设立升降车作业安全监护人员，注意升降车与带电设备保持足够的安全距离，110kV 时安全距离不小于 5m，220kV 时安全距离不小于 6m，500kV 时安全距离不小于 8.5m。

（2）感应电易引起人身伤害事故，工作过程中接地线应始终挂在线路侧，临时接地（保安）线应挂上。

（3）高空作业（瓷套外观检查及搭头检查）时，易高空坠落，拆、装引线时应使用氧化锌避雷器专用梯（或升降车），工作人员间应互相协调，规范使用保险带。梯子不能靠氧化锌避雷器瓷套。

（4）梯子搬运或举起、放倒时可能失控触及带电设备，梯子应放倒二人搬运，举起梯子应两人配合防止倒向带电部位。

（5）为防止低压触电，接拆低压电源应有两个工作人员，一人接拆电源线，一人监护。

2. 检修项目及工艺标准

（1）指挥操作升降车就位时，注意升降车作业时与周围相邻带电设备的安全距离，并注意移动时倾翻撞坏相邻设备，升降车应可靠接地。

（2）一次连接拆头并确保连接线夹无断裂，接触面平整，作业人员必须系安全带（应系在牢固处），工作前应先挂好个人临时保安线。

（3）瓷套清扫、检查，做到瓷套表面无污垢、无破损，防止升降车斗与其他设备距离太近，撞坏瓷套，梯子使用不可架设在氧化锌避雷器瓷套上，防止折断。

（4）检查均压环无变形、安装牢固，金属件无锈蚀、相位清晰。

（5）监测器检查指示清晰、密封良好、动作应灵敏，接地应可靠。

（6）各试验项目符合例行试验标准，无漏项。试验时，与试验无关人员不得进入试验围栏内。

（7）引线搭接做到接触面应清拭干净，除去氧化膜和油漆，涂电力复合脂；各连接搭头螺栓应紧固，要求做到整齐美观。

（8）清理现场，确认现场无遗留物件；检修设备及安全措施恢复至工作许可状态。

3.7.2 10～35kV 氧化锌避雷器 C 级检修工作

1. 危险点分析及防范措施

（1）升降车移位时与相邻设备带电距离过近时，应设立升降车作业安全监护人员，注意升降车与带电设备保持足够的安全距离，110kV 时安全距离不小于 5m，220kV 时安全距离不小于 6m，500kV 时安全距离不小于 8.5m。

（2）感应电易引起人身伤害事故，工作过程中接地线应始终挂在线路侧，临时接地（保安）线应挂上。

（3）高空作业（瓷套外观检查及搭头检查）时，易高空坠落，拆、装引线时应使用氧化锌避雷器专用梯（或升降车），工作人员间应互相协调，规范使用保险带。梯子不能靠氧化锌避雷器瓷套。

（4）梯子搬运或举起、放倒时可能失控触及带电设备，梯子应放倒二人搬运，举起梯子应两人配合防止倒向带电部位。

（5）为防止低压触电，接拆低压电源应有两个工作人员，一人接拆电源线，一人监护。

2. 检修项目及工艺标准

（1）一次引线拆头并检查连接线夹无断裂，接触面平整。工作前应先挂好个人临时保安线（必要时），引线拆除后，将引线用绝缘绳固定（必要时）。

（2）外表面清扫，检查绝缘支柱外表无污垢，表面无破损，基座绝缘应良好，试验合格。

（3）连接线搭头检查接触面应清拭干净，除去氧化膜和油漆，涂电力复合脂；各连接搭头螺栓应紧固，并无锈蚀连接线既要紧固，又要求各串受力均匀，以免受到额外的应力。引线横向拉力不可过大，拉力不超过产品技术规定，要求做到整齐美观。

（4）放电计数器指示装置动作应灵敏，接地应可靠，密封良好。

（5）金属件外观检查油漆（包括相位漆）应完好，各部位均应无锈蚀。

（6）一次引线搭接前，清除导电接触面间的污垢及氧化膜，并均匀地涂抹上导电膏，螺栓无锈蚀，紧固可靠。使用梯子登高作业，防止梯子滑动。

（7）清场验收，确认所有检修项目已完成，缺陷已消除；清理现场，确认现场无遗留物件；检修设备、现场安全措施恢复至工作许可时状态。

3.8 氧化锌避雷器反事故技术措施要求

氧化锌避雷器反事故技术措施主要有以下方面：

（1）对氧化锌避雷器，必须坚持在运行中按规程要求进行带电试验。当发现异常情况时，应及时查明原因。35kV 及以上电压等级氧化锌避雷器可用带电测试替代定期停电试验，但对 500kV 氧化锌避雷器应 3～5 年进行一次停电试验。

（2）严格遵守氧化锌避雷器交流泄漏电流测试周期，雷雨季节前后各测量一次，测试数据应包括全电流及阻性电流。

（3）110kV 及以上电压等级氧化锌避雷器应安装交流泄露电流在线监测器。对已安装监测器的氧化锌避雷器，有人值班的变电站每天至少巡视一次，每半月记录一次，并加强数据分析。无人值班变电站可结合设备巡视周期进行巡视并记录，强雷雨天气后应进行特巡。

3.9 氧化锌避雷器常见故障原因分析、判断及处理

3.9.1 故障类型及其危害

氧化锌避雷器常见故障类型主要有受潮、参数选择不当、结构设计不合理、操作不当、老化等。这些故障轻则会造成氧化锌避雷器绝缘下降、老化加快，重则会引起氧化锌避雷器在运行电压下或过电压下爆炸损坏而危及系统安全运行。

3.9.2 故障原因及处理措施

（1）氧化锌避雷器密封不良或漏气，使潮气或水分侵入。主要原因有以下方面：

1）氧化锌避雷器的密封胶圈永久性压缩变形的指标达不到设计要求，装入氧化锌避雷器后，易造成密封失效，使潮气或水分侵入。

2）氧化锌避雷器的两端盖板加工粗糙、有毛刺，将防爆板刺破导致潮气或水分侵入。有的氧化锌避雷器的端盖板采用铸铁件，但铸造质量极差、砂很多，加工时密封槽因而出

现缺口，使密封胶圈装上后不起作用，潮气或水分由缺口侵入。

3）组装时漏装密封胶圈或将干燥剂袋压在密封圈上，或是密封胶圈位移。

4）瓷套质量低劣，在运输过程中受损，出现不易观察的贯穿性裂纹，致使潮气侵入。

处理措施：应督促厂家高度重视氧化锌避雷器的结构设计，密封等决定质量的因素，提高生产工艺，保证产品质量；并在运输结束之后，进行整体性试验，防止运输中出现的破损未及时发现。

（2）参数选择不当。按使用场合正确选择氧化锌避雷器，这是保证其可靠运行的重要因素。

（3）接地线、连接引线等螺栓松动。按标准紧固螺栓。

（4）接地线锈蚀。用砂纸对其除锈，直至露出金属本色，然后涂防腐漆。

（5）设备线夹有裂纹。将损坏的设备线夹拆除，更换新的设备线夹。

（6）引线有烧伤或断股。比照原有长度进行预制更换。

（7）绝缘、接地电阻不合格。绝缘电阻测量结果小于 10000MΩ 或比上次测量结果显著下降时，对该绝缘子进行更换。

3.9.3 案例分析

3.9.3.1 接地变消弧线圈中性点避雷器击穿事故

1. 事故经过

某日晚 110kV 某变电站 10kV 2 号接地变速断保护动作，跳开开关。经查看微机故障

图 3-11 2 号接地变中性点避雷器击穿后外

录波器 10kVⅠ、Ⅱ母线录波报告后发现，22 时 05 分 37 秒微机故障录波器启动。现场派人检查，打开 2 号接地变小室，发现 2 号接地变中性点避雷器击穿，击穿后的避雷器情况如图 3-11 所示。从分析录波报可看出 10kVⅠ、Ⅱ段母线 B 相电压有明显的振荡波形，10kVⅠ段母线 B 相从发生故障到故障消失共计 800ms，其中Ⅰ段母线 B 相从不完全接地到完全接地约 300ms，而从完全接地到恢复正常（接地变开关跳开）约 500ms。

2. 相关试验情况

系统恢复正常后，高压试验人员对 2 号接地变做了全套试验，试验结果如表 3-3 及表 3-4 所示。

表 3-3　　　　　　　　　　2 号接地变消弧线圈本次试验结果

试验部位	直流电阻/mΩ	绝缘/MΩ	耐压试验		结论
			试验电压/kV	时间/s	
高压侧 AX	996.0	35000	28	60	合格
低压侧 ax	17.96	20000	2	60	合格
铁芯	—	2200	—	—	合格

由于避雷器击穿，高压试验人员查看了避雷器上次的试验结果。见表 3 - 4。

表 3 - 4   2 号接地变中性点避雷器上次试验结果

避雷器型号	绝缘/MΩ	U_{1mA}/kV	$I_{75\%U_{1mA}}$/μA
HY5WZ2 - 10/27	50000	15.5	4

可见，上次避雷器绝缘电阻正常，无受潮表现。

3. 原因分析

（1）系统接线情况。系统接线情况如图 3 - 12 所示，故障发生时，10kV Ⅰ、Ⅱ 段母线并列运行，2 号接地变消弧线圈接 10kV Ⅱ 段母线运行，中性点避雷器击穿后 2 号接地变消弧线圈退出运行。变电站接地变为 Z 型接地变，接地变的作用是在系统为△型接线或 Y 型接线中性点无法引出时，引出中性点用于加接消弧线圈。Z 型接地变铁芯为三相三柱式，每一铁芯柱上有两个匝数相等、绕向相同的绕组反极性串联使通过线圈的电流大小相等，方向相反。其主要特点是：当电网正常运行时（即三相平衡负荷时），Z 型变的励磁电流很小，故损耗很小，呈高阻状态；当发生单相接地故障产生零序电压时，则呈低阻状态，变压器对地能产生故障电流。由于 Z 型变具有结构简单、体积小、损耗小等优势，因而作为接地系统的辅助设备得以广泛应用。

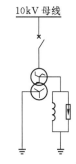

图 3 - 12 10kV 接地
变接线示意图

（2）原因分析。该事故经查为 10kV 馈线 B 相接地，线路单相接地，造成线路参数匹配变化；线路单相接地 2 号消弧线圈补偿投入运行；消弧线圈投入运行后，引发系统谐振过电压（现场查故障录波装置电压波形 A 相、B 相在这时间段有明显的振荡波形），引起不对称电压和消弧线圈补偿度的变化，导致中性点位移电压发生变化。系统虽然允许在谐振条件下运行一段时间，但此时中性点位移电压增大很多倍，过高的中性点位移电压 U_N，使三相对地电压极不平衡。此时避雷器泄漏电流中的阻性电流分量在极短的时间内突然增大，产生大量的功耗使电阻片温度异常升高，直至破坏（图 3 - 11）。

由于 2 号消弧线圈中性点避雷器采用 HY5W12 - 10/27 的额定电压偏低（10kV）、持续运行电压偏低（8kV），通流容量严重不足，在较长时间接地状态下，热能量在避雷器内部迅速聚集，很快形成避雷器热崩溃，导致避雷器损坏，引发击穿事故。

对各方面调查的情况进行分析，MOA 事故原因 69％ 为质量问题，25％ 为运行不当，6％ 为选型不当。而内部受潮直接影响产品质量，是引起 MOA 击穿事故的主要原因。从变电站 2 号消弧线圈中性点避雷器击穿及其残骸可以看出，电阻片两端喷铝面有大电流通过后的放电斑痕，明显是通流容量不足，造成 MOA 的额定电压和持续运行电压取值偏低。

（3）避雷器选择标准。按照理论，一般根据暂时过电压确定避雷器的额定电压，如 110kV 以上的系统。而对于 3～66kV 的非有效接地系统而言，由于允许接地长时间运行，因此只能按照暂时过电压确定避雷器持续运行电压 U_c，再确定额定电压 U_r。

氧化锌避雷器持续运行电压 U_c 的确定原则为：系统长期施加于避雷器上的电压小于

避雷器的持续运行电压 U_c。系统最高电压 $U_m=1.1\sim1.2$ 倍系统标称电压,它除了受送电端变压器分接头调控外,还因长线路电容效应等影响,可能进一步升高,出现在系统中的任何一点。中性点非直接接地 10kV 系统的最高电压 U_m 为 12kV。对于中性点经消弧线圈接地的系统,因为过电压被有效控制,暂时过电压一般不会超过 U_m,避雷器的持续运行电压 $U_c=U_m=12$kV。氧化锌避雷器的额定电压需要比暂时过电压高 25%,即 $U_r=(1+25\%)U_m=15$kV。

(4)综合分析。对该地区几乎所有 110kV 变电站 10kV 系统接地变消弧线圈中性点避雷器配置情况进行全面的核查登记,统计结果如表 3-5 所示。

表 3-5 该地区 110kV 变电站 10kV 系统接地变消弧线圈中性点避雷器的统计结果

避雷器型号	使用该种型号避雷器的消弧线圈个数	备注
YH5WZ-10/27	24	建议整改
HY5WZ2-10/24	16	建议整改
HY5WZ2-12.7/45	4	建议整改
HY5WZ1-17/45	12	不需整改
Y1W-7.6/19	1	建议整改
HY5Z2-10/27	1	建议整改
HY5WN10-10/27	1	建议整改
HY5WSZ2-10/24	2	建议整改
YH1.5WD-8/19	3	建议整改
YH5WZ-10/21	1	建议整改
HY5WLZ-10/24	2	建议整改

注 避雷器型号中如"10127"表示额定电压 10kV,避雷器残压 27kV。

从表 3-5 可以看出,避雷器的额定电压和持续运行电压取值偏低,建议安排计划进行更换。根据《进口交流无间隙金属氧化锌避雷器技术规范》(DL/T 613—1997)中 5.1.4 的变压器中性点避雷器额定电压推荐值 17kV(10kV 系统),应将原 HY5WZ2-10/27(额定电压 10kV)更换成 YH5WZ-17/45(额定电压 17kV,避雷器残压 45kV,参考电压 24kV,持续运行电压 13.6kV),以满足系统运行需要,避免类似事故再次发生。

4. 结论

(1)氧化锌避雷器的额定电压和持续运行电压取值偏低,同时系统因 10kV 母线发生单相接地引起参数变化,消弧线圈将中性点位移电压放大了若干倍引发过电压,造成该接地变消弧线圈中性点避雷器击穿事故。

(2)由于在实际电网中,常需改变运行方式(如投入或开端线路及与本文所述类似的故障情况),相应的网络对地容抗亦随之变化,为了保证预定的消弧线圈脱谐度,保证网络处于过补偿状态运行,要调整消弧线圈档位,改变系统参数,消除谐振条件。此项工作可由消弧线圈的配套装置自动跟踪来完成。

3.9.3.2 泄漏电流和红外测温发现避雷器内部受潮事故

1. 事故经过

在某供电公司变电检修室，对某220kV变电所进行避雷器带电测试时，发现2号主变110kV避雷器A相阻性电流和全电流异常。夜间对该避雷器进行红外测温，同样发现温度异常。对该避雷器进行了局部放电和直流泄漏试验，测试数据均确认了避雷器存在的绝缘故障。解体检查发现避雷器内部已经严重受潮，避雷器下盖板漏装密封圈，导致了避雷器芯体浸水受潮，性能下降。

2. 检测分析方法

(1) 避雷器带电检测数据异常。发现异常时，全电流测试值与避雷器在线监测表计读数一致，测试环境温度为22℃。该避雷器型号为Y10W-102/266W，生产日期为2011年3月，于2011年6月投入运行，测试数据如表3-6所示。

表3-6　　　　　　　　　　某变电站避雷器带电测试数据

相别	全电流 I_X/mA	阻性电流 I_{RP}/mA
A相	0.796	0.406
B相	0.331	0.047
C相	0.337	0.05

从表3-6可以看出，该组避雷器A相的交流泄漏电流与其他两相比较增加超过130%，远大于投产时全电流数值（A相投产时全电流为0.33mA）；阻性电流也较投产时增加约8倍，表明避雷器内部出现劣化或受潮等情况，并可能导致避雷器热稳定破坏；阻性电流 I_{RP} 占全电流比例达到51%（正常时 $I_{RP}/I_X<20\%$），带电测试结果不合格。

发现带电测试数据异常后，检修人员在夜间对该组避雷器进行了红外测温，A相红外成像图谱如图3-13所示。

图3-13　异常避雷器红外成像图谱

该组避雷器 A 相第五节瓷裙处最高温度为 34.1℃，周围环境及 B 相、C 相温度为 26℃，温度相差 8.1℃，避雷器属于电压制热型设备，由于绝缘层热传导系数的影响，A 相避雷器内部温升已很高。

避雷器带电检测与红外测温数据表明，2 号主变 110kV 避雷器相出现了故障，由于该组避雷器投运时间不长，怀疑避雷器制造工艺存在缺陷，需立即停电处理。

（2）异常避雷器常规停电试验。

1）故障避雷器运行电流测试和局部放电试验。避雷器停役更换后，在高压试验大厅对异常避雷器进行了带电复测，施加 63.5kV 的工频运行电压，下接线端引出电流与局部放电信号，测试数据如表 3-7 所示。

表 3-7　　　　　　　　　　　故障避雷器全电流测试和局部放电试验

试验电压/kV	全电流/mA	阻性电流/mA	局部放电量/pC
63.5	0.704	0.405	950

测得数据显示阻性电流与运行时一致，加至试验电压时局放量很大。

2）直流泄漏电流试验。对异常避雷器进行了直流 1mA 下参考电压 U_{1mA} 及 0.75 倍 U_{1mA} 下泄漏电流 $I_{0.75U_{1mA}}$ 测试，测试数据如表 3-8 所示。

表 3-8　　　　　　　　　　　故障避雷器直流泄漏试验数据

相别	U_{1mA}/kV		$I_{0.75U_{1mA}}$/μA	
	本次检查值	交接值	本次检查值	交接值
A 相	100.2	152.2	400	9
B 相	152.6	152.5	8	9
C 相	152.4	152.5	8	9

A 相避雷器 U_{1mA} 为 100.2kV，与交接值相比初值差为 -34.2%（U_{1mA} 的初值差要求不超过 5%），而且不符合铭牌要求的直流参考电压 148kV 要求。泄漏电流高达 400μA，远大于规程要求的 50μA，比交接值增大了 44 倍。两项试验数据均不符合规程的要求，进一步确定了 2 号主变压器 110kVA 相避雷器存在严重缺陷。

（3）避雷器解体检查。对故障避雷器进行了解体检查。解体前，外观检查未发现避雷器破损和结构不良问题。

1）打开上盖板时未发现密封不良，但在上盖板见到明显的绿色锈斑（图 3-14），与上盖板的接触面有黑褐色锈蚀，并在瓷套内壁发现水珠，仔细观察芯体上有盖板掉落的铁锈。

2）随后抽出避雷器芯体，电阻片间的白色合金出现氧化并形成了白色粉末，芯体下部的金属导杆严重锈蚀（图 3-15）。电阻片表面有水雾，有老化迹象，一片电阻片表面的套餐釉发现有破损，比对发现刚好是红外测温的发热点，如图 3-16 所示。

图 3-14　上盖板有明显铜锈

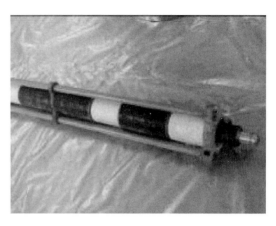

图 3-15　芯体有锈蚀

图 3-16　阀片有破损

3）打开下盖板后，发现下盖板与避雷器腔体间漏装密封圈，如图 3-17 所示。

图 3-17　未装密封圈

（4）原因分析。根据避雷器带电测试和停电试验数据，并结合对设备的解体检查情况，可以认定避雷器缺陷产生的原因主要有以下方面：

1）该避雷器在生产安装过程中出现了失误，漏装下盖板与避雷器腔体间的密封圈，使水汽进入避雷器封腔内，导致避雷器芯体受潮劣化。

2）腔体内水汽受热上浮，导致上盖板上的铜板氧化出现铜绿。

3）电阻片的受潮劣化引发局部放电，导致避雷器阻性电流和全电流增大，并使得电阻片发热。电阻片和其表面的陶瓷釉受热膨胀，在薄弱点出现了破损。

4）电阻片陶瓷釉破损导致该片绝缘性能下降，同时，电阻片间的均一性发生变化，形成避雷器运行电位分布的不均匀，从而出现该避雷器电阻片破损处对应点温度升高。

3．建议

（1）需严格控制避雷器制造、组装工艺，避免出现设备漏装附件、密封不良等质量问题。

（2）氧化锌避雷器的受潮及阀片的老化将造成阻性电流和全电流的增大，利用阻性电流带电检测装置可以快速、方便地发现避雷器缺陷，避免避雷器状态的进一步恶化。新设备出厂及交接试验不一定能发现设备隐藏的缺陷。设备投入运行后，设备状态可能发生较大变化，因此在设备投运后应加强带电检测。

（3）目前，事故当地电网的避雷器均安装了全电流在线监测仪，监测仪可发现部分缺陷，如此次避雷器全电流在线监测仪数值 0.8mA，已明显大于正常值，因此应加强对避雷器的巡视工作。

3.9.3.3 避雷器与在线监测仪连接线短接事故

某变电站某线路避雷器 A 相在线监测仪的数值显示为零。检修人员到达现场后发现避雷器与在线监测仪接线如图 3－18 所示。

图 3－18　避雷器与在线监测仪接线

该泄漏电流表和避雷器的连接方式和普通的不太一样。泄漏电流表和避雷器相连的引线是包有绝缘皮的软线，而不是铝排。经过长时间运行后，软线上部绝缘皮出现老化，并且形变，与避雷器底座槽钢支架发生碰触，形成接地短路。

进行连接线更换过程中，需要用个人保安线夹住上端引线，但是这种绝缘线裸露部分很小，个人保安线很难夹牢固，如图3-19所示。一旦保安线脱落，由于裸露部分很尖细，会造成很明显的尖端放电现象，不方便检修人员的操作。

将连接线换为常用的铝排连接，将连接线改为铝排如图3-19（b）所示。

(a)连接线为软线   (b)改用铝排连接

图3-19 将连接线改为铝排

第4章 电容器检修

电容器主要用于电力系统和电工设备。任意两块金属导体，中间用绝缘介质隔开，就可以构成一个电容器。电容器电容的大小，由其几何尺寸和两极板间绝缘介质的特性来决定。当电容器在交流电压下使用时，常以其无功功率表示电容器的容量，单位为 var 或 kvar。

4.1 电容器成套装置的基础知识

4.1.1 电容器的种类和作用

（1）并联电容器。该电容器又称为移相电容器，主要用来补偿电力系统感性负载的无功功率，以提高系统的功率因数，改善电能质量，降低线路损耗；还可以直接与异步电机的定子绕组并联，构成自激运行的异步发电装置。

（2）串联电容器。该电容器又叫做纵向补偿电容器，串联于工频高压输、配电线路中，主要用来补偿线路的感抗，提高线路末端电压水平，提高系统的动、静态稳定性，改善线路的电压质量，增长输电距离和增大电力输送能力。

（3）耦合电容器。该电容器主要用于高压及超高压输电线路的载波通信系统，同时也可作为测量、控制、保护装置中的部件。

（4）均压电容器。该电容器又叫断路器电容器，一般并联于断路器的断口上，使各断口间的电压在开断时分布均匀。

（5）脉冲电容器。该电容器主要起贮能作用，用作冲击电压发生器、冲击电流发生器、断路器试验用振荡回路等基本储能元件。

4.1.2 电容器的接线方式

接线方式分为三角形接线和星形接线，此外，还有双三角形和双星形之分。

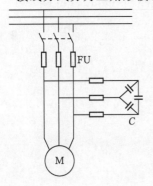

图 4-1 低压分散补偿接线图

1. 三角形接线

当电容器额定电压按电网的线电压选择时，应采用三角形接线。

相同的电容器，接成三角形接线，因电容器上所加电压为线电压，所补偿的无功容量则是星形接线的三倍。若是补偿容量相同，采用三角形接线比星形接线可节约电容值三分之二，因此在实际工作中，电容器组多接成三角形接线。补偿方式分为低压分散（或就地）补偿、低压集中补偿、高压补偿几种，如图 4-1、图 4-2 所示。

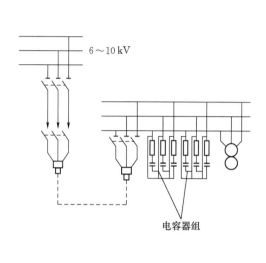

电容器组

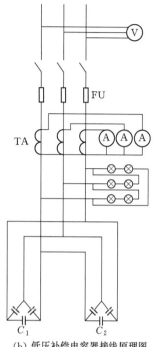

（a）高压补偿接线原理图　　　　（b）低压补偿电容器接线原理图

图 4-2　补偿接线图

2. 星形接线

当电容器额定电压低于电网的线电压时，应采用星形接线。

在高压电力网中，星形接线的电容器组目前在国内外得到广泛应用。星形接线电容器的极间电压是电网的相电压，绝缘承受的电压较低，电容器的制造设计可以选择较低的工作场强。当电容器组中有一台电容器因故障击穿短路时，由于其余两健全相的阻抗限制，故障电流将减小到一定范围，并使故障影响减轻。

星形接线的电容器组结构比较简单、清晰，建设费用经济，当应用到更高电压等级时，这种接线更为有利。

星形接线的最大优点是可以选择多种保护方式。少数电容器故障击穿短路后，单台的保护熔丝可以将故障电容器迅速切除，不致造成电容器爆炸。

由于上述优点，各电压等级的高压电容器组现已普遍采用星形接线。

3. 双星形接线

高压电力系统的电容器组除广泛采用星形接线外，双星形接线也在国内外得到广泛应用。所谓双星形接线，是将电容器平均分为两个电容相等或相近的星形接线电容器组，并联到电网母线，两组电容器的中性点之间经过一台低变比的电流互感器连接起来。

这种接线可以利用其中性点连接的电流保护装置，当电容器故障击穿切除后，会产生不平衡电流，使保护装置动作将电源断开，这种保护方式简单有效，不受系统电压不平衡或接地故障的影响。

大容量的电容器组，如单台容量较小，每相并联台数较多者可以选择双星形接线。如电压等级较高，每相串联段数较多，为简化结构布局，宜采用单星形接线。

4.1.3　电容器的补偿方式

1. 集中补偿

把电容器组集中安装在变电所的一次或二次侧母线上，并装设自动控制设备，使之能随负荷的变化而自动投切，电容器集中补偿接线图如图 4-3 所示。

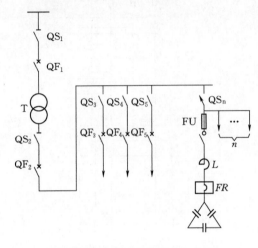

图 4-3　电容器集中补偿接线图

电容器接在变压器一次侧时，可使线路损耗降低，一次母线电压升高，但对变压器及其二次侧没有补偿作用，而且安装费用高；电容器安装在变压器二次侧时，能使变压器增加出力，并使二次侧电压升高，补偿范围扩大，安装、运行、维护费用低。

（1）优点。电容器的利用率较高，管理方便，能够减少电源线路和变电所主变压器的无功负荷。

（2）缺点。不能减少低压网络和高压配出线的无功负荷，需另外建设专门房间。工矿企业目前多采用集中补偿方式。

2. 分组补偿

将全部电容器分别安装于功率因数较低的各配电用户的高压侧母线上，可与部分负荷的变动同时投入或切除。

采用分组补偿时，补偿的无功不再通过主干线以上线路输送，从而降低配电变压器和主干线路上的无功损耗，因此分组补偿比集中补偿降损节电效益显著。这种补偿方式补偿范围更大，效果比较好，但设备投资较大，利用率不高，一般适用于补偿容量小、用电设备多而分散和部分补偿容量相当大的场所。

（1）优点。电容器的利用率比单独就地补偿方式高，能减少高压电源线路和变压器中的无功负荷。

（2）缺点。不能减少干线和分支线的无功负荷，操作不够方便，初期投资较大。

3. 个别补偿

即对个别功率因数特别不好的大容量电气设备及所需无功补偿容量较大的负荷，或由较长线路供电的电气设备进行单独补偿。把电容器直接装设在用电设备的同一电气回路中，与用电设备同时投切。图 4-4 中的电动机同时又是电容器的放电装置。

用电设备消耗的无功能就地补偿，能就地平衡无功电流，但电容器利用率低。一般适用于容量较大的高、低压电动机等用电设备的补偿。

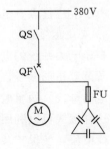

图 4-4　电容器个别
补偿接线图

（1）优点。补偿效果最好。

（2）缺点。电容器将随着用电设备一同工作和停止，所以利用率较低、投资大、管理不方便。

4.2　电容器成套装置的结构

4.2.1　电容器的基本结构

基本结构主要由电容元件、浸渍剂、紧固件、引线、外壳和套管组成。高压电容器外观如图 4-5 所示。

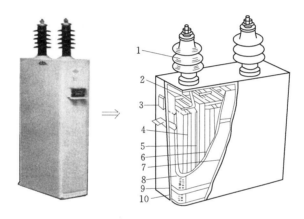

图 4-5　高压电容器外观图

1—出线套管；2—出线连接线；3—连接片；4—扁形元件；5—固定板；
6—绝缘件；7—包封件；8—连接夹板；9—紧箍；10—外壳

1. 电容元件

用一定厚度和层数的固体介质与铝箔电极卷制而成。若干个电容元件并联和串联起来，组成电容器芯子。电容元件用铝箔作电极，用复合绝缘薄膜绝缘。电容器内部绝缘油作浸渍介质。在电压为 10kV 及以下的高压电容器内，每个电容元件上都串有一熔丝，作为电容器的内部短路保护。当某个元件击穿时，其他完好元件即对其放电，使熔丝在毫秒级的时间内迅速熔断，切除故障元件，从而使电容器能继续正常工作。高压并联电容器内部电气连接如图 4-6 所示。

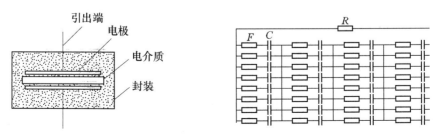

图 4-6　高压并联电容器内部电气连接示意图

59

2. 浸渍剂

电容器芯子一般放于浸渍剂中，以提高电容元件的介质耐压强度，改善局部放电特性和散热条件。浸渍剂一般有矿物油、氯化联苯、SF_6 气体等。

3. 外壳、套管

外壳一般采用薄钢板焊接而成，表面涂阻燃漆，壳盖上焊有出线套管，箱壁侧面焊有吊攀、接地螺栓等。大容量集合式电容器的箱盖上还装有油枕或金属膨胀器及压力释放阀，箱壁侧面装有片状散热器、压力式温控装置等。接线端子从出线瓷套管中引出。

4. 电容器的型号

电容器的型号由字母和数字两部分组成（图 4-7）：

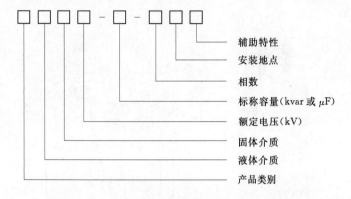

图 4-7　电容器型号

（1）产品类型中，B 表示并联；C 表示串联；O 表示耦合。

（2）液体介质中，Y 表示矿物油；W 表示十二烷基苯；F 表示二芳基乙烷；B 表示异丙基联苯；G 表示苯甲基硅。

（3）固体介质中，F 表示纸、薄腊复合纸；M 表示聚丙烯薄膜；无标记表示电容器纸。

（4）相数中，1 表示单相；3 表示三相。

（5）安装地点中，W 表示户外型；无标记为户内型。

（6）辅助特性中，R 表示内有熔丝；TH 表示湿热型。

举例如为：BFM12-200-1W，B 表示并联电容器；F 表示浸渍剂为二芳基乙烷；M 表示全聚丙烯薄膜介质；12 表示额定电压（kV）；200 表示额定容量（kvar）；1 表示相数（单相）；W 尾注号（户外使用）。

4.2.2　电容器成套装置的结构

1. 集合式电容器

集合式电容器外部油箱由箱盖、散热器、箱壁、箱底等组成，内部充满变压器绝缘油。绝缘油既起绝缘作用，又能沿器身纵横油道把热量送到油箱内壁及散热器上散发出去。箱盖上装有出线套管、油枕、压力释放阀及讯号温度计座等，油箱的下部装有放油阀。

内部由多个带小铁壳的单元电容器组成，其内部主要是多个并联的装有内熔丝的小电容元件和液体浸渍剂。其容量大小、继电保护方式可根据用户需要而定，方便省事。其成套装置如图 4-8 所示。

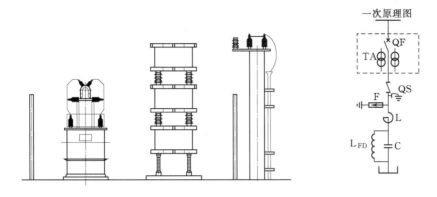

图 4-8　集合式电容器成套装置图
QF—高压断路器；TA—电流互感器；F—避雷器；QS—高压隔离开关；
L—电抗器；C—电容器；L_{FD}—放电线圈

电容器一次侧接有串联电抗器、并联放电线圈、并联避雷器。避雷器的作用是对并联电容器进行操作过电压保护。

放电线圈的作用是将断开电源后的电容器上的电荷迅速、可靠地释放掉。电容器组断开电源后，其电极间储存有大量电荷，不能自行很快消失，在短时间内，其极间有很高的直流电压，待再次合闸送电时，造成电压叠加，将会产生很高的过电压，危及电容器和系统的安全运行。因此，必须安装放电线圈，将它和电容器并联，形成感容并联谐振电路，使电能在谐振中消耗掉。运行时作为压变用，其二次电压结成开口三角形，为零序过压保护提供电压。

串联电抗器是为了限制合闸涌流和限制谐波两个目的。在电容器组投入电网运行的瞬间总会出现高幅值的电流，若不对串联电抗器加以限制，涌流峰值可能超过电容器组额定电流的 100 倍。不仅会使电容器发生损坏，还会使电网中的开关、电流互感器等设备受损，继电保护设备误动。

2. 分散式电容器

分散式电容器由出线套管、出线连接片、电容元件、固定拉手组成。其成套装置原理如图 4-9 所示。

3. 组合式电容器

组合式电容器装置如图 4-10 所示。

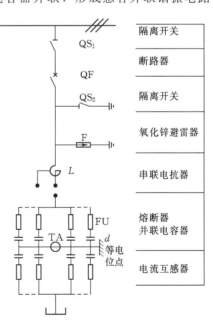

图 4-9　分散式电容器成套原理图

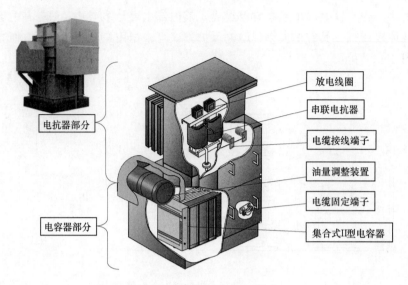

图 4 - 10 组合式电容器装置图

4.3 电容器成套装置的安装

运输时装置被分拆成多个部件，包装箱的重量、数量等参见随货的装箱单。

电容器装置安装前，根据装箱单检查所有设备和部件是否完整、有关随机文件是否齐全，以及是否有在运输过程中损坏，特别是绝缘子（瓷瓶）。

设备不能长期在原始包装中保存，对有特殊要求的设备，应按要求储存。必须注意最大的户外储存时间 2 个月。户内干燥良好的通风条件下 4 个月。超过上述时间后应打开包装，储存在干燥及良好通风条件的地方，避免天气及化学物质的影响。

应小心开箱。严格避免碰撞或压倒瓷瓶等易碎件。

安装前，应按设备的技术和相关标准进行检查。安装中应注意：

（1）安装应按接线原理图、装配图和各部件安装使用说明书进行。

（2）注意各零部件的特殊要求，严格按设备操作规程、设备相关 IEC 标准和有关同类标准等文件进行安装。

（3）注意电容器组每层支撑和支持绝缘子应按高度配置整齐，安装时瓷瓶裙边向下。

（4）电容器安装严禁攀拉其套管。电容器在安装前应进行电容量的分配，使各串联段的最大与最小电容值之比应不超过 1.02，相与相之间的最大与最小电容值之比应不超过 1.02。

（5）连接电容器的母线须采用软导线，电容器布置应铭牌向外，以便检查。

设备投运前，应进行最终检查。检查各设备安装、接线的准确性；检查操作是否灵活可靠；检查设备功能的完整性。

4.4 电容器成套装置投运验收标准

1. 基础验收

设备基础水平，基础中心线应与安装设备中心线相符，基础接地正确良好。

2. 电容器本体验收

（1）电容器安装尺寸应一致，固定螺栓应紧固，所有垫片、螺栓须经防腐处理，垫片配套齐全。

（2）电容器单元表面单元本体的焊缝（铆接）应平整光滑、喷漆均匀、无明显漏喷及气泡或脱漆及起皮。

（3）整个电容器单元外壳无锈迹。

（4）单元套管的根部及接线柱处应无渗油或渗油痕迹。注油孔盖应密封紧密无渗漏。（仅对含油电容器单元）

（5）设备铭牌清楚并且内容完整。设备编号及相色标志正确。

（6）对设备上安装的 SF_6 密度继电器、气压表指示应检查正确，有外引至信号或保护动作的密度继电器应检查报警、闭锁动作正确。（对密集型及含气电容器）

3. 外熔断丝验收

（1）外熔断丝外观完整无损、与电容器单元及母排的紧固螺栓无松动，部件表面无锈斑、标志统一醒目。

（2）熔断丝的拉力弹簧应按照产品使用说明书的要求安装并拉紧，拉紧后弹簧的位置应相互保持一致。

（3）对于户外安装的电容器组应检查熔断丝是否符合户外的运行要求。

（4）检查熔断丝容量符合电容器安全运行要求。

（5）应注意跌落式熔断器跌落后与网门的间隔应在安全距离。

4. 电抗器验收

（1）电抗器的基础应水平牢靠，电抗器支柱或基础金属件应安装牢固，地脚螺栓及接地导体均需经防腐处理。

（2）对于干式空心或铁芯电抗器应检查线圈表面绕制均匀，喷漆色泽统一匀称、无气泡、起皮及变色现象。

（3）检查铁芯电抗器的磁路芯片压紧无松动、突起，表面浇注绝缘完整。

（4）设备的引出套管及支柱瓷瓶绝缘符合设备所在地点运行的污秽要求，表面无裂纹、破碎，干净有光泽。

（5）检查设备接地是否完好，对空心电抗器应注意接地导体不应形成环路并保证一点接地。

（6）检查设备铭牌清楚内容完整，与电容器组配套。

（7）检查（空心电抗器）的相互位置安装正确（符合安装说明书要求）。设备相色及相位标志清晰一致。

（8）检查（油）电抗器的空气呼吸器完好并且硅胶颜色正常，油枕油位在油位的 2/3

处，整个油箱表面无渗漏油现象。

5. 放电线圈验收

（1）检查油放电线圈整个油箱表面无渗漏油现象。

（2）设备的引出套管及支柱瓷瓶绝缘符合设备所在地点运行的污秽要求，表面无裂纹、破碎，干净有光泽。

（3）检查铭牌清楚内容完整，三相容量和不小于电容器组容量。

（4）检查放电线圈一次、二次接线符合设计要求。接地牢固。

（5）检查户外安装的放电线圈是否符合户外运行要求。

6. 避雷器验收

（1）检查铭牌设计符合要求，一次接线方式正确，避雷器引下线应可靠接地。

（2）所采用避雷器应为防爆型或合成绝缘型，通流容量应不小于600A。

（3）如果是可脱落型避雷器，应检查避雷器底座脱落后是否会造成母线短路，对将避雷器安装在母线上方的情况，应建议采取适当预防措施予以解决。

7. 网门验收

（1）采用的网状防护网应具有一定的强度，不能出现明显的变形。网门安装基础应平整牢靠。电容器组网门应设置一个可开启的门，电抗器部分网门有一个可拆卸门。

（2）对于安装有微动联跳开关的网门应检查开启关闭网门时微动开关动作可靠，并在可能条件下检查开关跳闸及闭锁开关合闸的功能。

（3）检查地刀及机械连锁和电磁锁功能正常。成套电容器组的网门上应有金属铭牌位于醒目位置。

（4）检查网门应具备防锈蚀能力及防小动物进入能力。

（5）检查空心电抗器周围网门应做过防环流措施。

（6）检查网门与电容器单元之间的空间在外熔断丝动作之后是否会造成对网门放电、人员在停电检修及更换熔断丝的时候能否进入到设备区内。

（7）网门应可靠地接地。

（8）通风风扇的工作应正常。

8. 连线验收

（1）检查电容器组母排安装符合设计要求。

（2）检查母排相色及标号正确。

（3）检查支柱瓷瓶符合防污要求，联结母排金具与母排联结可靠无悬浮。

（4）检查电容器、电抗器、电缆及母排之间的联结必须符合要求，避免铜铝直接接触。对于可能产生应力会造成设备套管及其他设备损坏的联结点应有软联结件加以过渡。

（5）所有联结点应尽量采用面接触并保持适当的压力，对单螺丝联结应仔细检查确保不会发热。

9. 其他验收

（1）检查室内通风设备工作是否正常，防小动物措施是否完善。

（2）检查室内及半室内建筑结构是否能够防止雨水直接冲刷设备。

（3）检查电容器组及周围是否已经清扫干净并做地面处理整平。

（4）检查电容器组带电显示装置安装是否正确并在带电后加以确认。

（5）检查电容器组的运行编号是否齐备。

（6）协调检查电容器组配套开关及刀闸是否符合设计要求。

（7）电缆线应固定可靠。

4.5 电容器成套装置状态检修导则

4.5.1 电容器状态检修原则

状态检修应遵循"应修必修，修必修好"的原则，依据设备状态评价的结果，考虑设备风险因素，动态制定设备的检修计划，合理安排状态检修的计划和内容。

并联电容器装置（集合式电容器装置）状态检修工作内容包括停电、不停电测试和试验以及停电、不停电检修维护工作。

状态评价应实行动态化管理，每次检修和试验后应进行一次状态评价。

新设备投运后1～2年，应安排例行试验，同时还应对设备及其附件（包括电气回路及机械部分）进行全面检查，收集各种状态量，并进行一次状态评价。

对于运行达到一定年限，故障或发生故障概率明显增加的设备，宜根据设备运行及评价结果，对检修计划及内容进行调整。

4.5.2 电容器状态检修分类及项目

按工作性质内容及工作涉及范围，电容器检修工作分为4类：A类检修、B类检修、C类检修、D类检修。其中A、B、C类是停电检修，D类是不停电检修。

（1）A类检修。A类检修是指并联电容器装置（集合式电容器装置）的整体性检查、维修、更换和试验。

（2）B类检修。B类检修是指并联电容器装置（集合式电容器装置）局部性的维修，部件的解体检查、维修、更换和试验。

（3）C类检修。C类检修是对并联电容器装置（集合式电容器装置）进行的常规性检查、维修和试验。

（4）D类检修。D类检修是对并联电容器装置（集合式电容器装置）在不停电状态下进行的带电测试、外观检查和维修。

并联电容器装置（集合式电容器装置）的检修分类及检修项目如表4-1所示。

表 4-1　　并联电容器装置（集合式电容器装置）的检修分类及检修项目

检修分类	检修项目
A类检修	A.1　返厂检修 A.2　整体检查、改造、更换、维修 A.3　现场全面解体检修 A.4　相关试验

检修分类	检 修 项 目
B 类检修	B.1　装置主要部件更换 B.1.1　串联电抗器 B.1.2　单台电容器 B.1.3　放电线圈 B.1.4　保护用电流互感器 B.1.5　避雷器 B.1.6　熔断器 B.1.7　支柱绝缘子 B.1.8　其他 B.2　装置主要部件处理 B.2.1　串联电抗器 B.2.2　单台电容器 B.2.3　放电线圈 B.2.4　保护用电流互感器 B.2.5　避雷器 B.2.6　熔断器 B.2.7　支柱绝缘子 B.2.8　汇流排及连接引线 B.2.9　其他 B.3　停电时的其他部件或缺陷检查、处理、更换工作 B.4　相关试验
C 类检修	C.1　按 Q/GDW 168—2008 规定进行试验 C.2　清扫、检查、维修（维护） C.3　检查项目 C.1.1　外观检查 C.1.2　绝缘性能检查 C.1.3　电容量检查 C.1.4　电抗器绕组电阻检查 C.1.5　放电线圈绕组电阻检查 C.1.6　放电线圈变比误差检查 C.1.7　配套设备检查 C.1.8　其他
D 类检修	D.1　检修人员专业巡检 D.2　带电检测（红外热像、噪声等检测） D.3　防锈补漆工作（带电距离足够的情况下） D.4　其他不停电的处理工作

4.6　电容器成套装置的巡检项目及要求

1. 电容器成套装置日常巡视检查项目主要有以下方面：

（1）电容器装置必须按照有关消防规定设置消防设施，并设有总的消防通道。

（2）电容器室不宜设置采光玻璃，门应向外开启。相邻两电容器的门应能向两个方向开启。

（3）电容器室的进、排风口应有防止风雨和小动物进入的措施。

（4）运行中的电抗器室温度不应超过 35℃，当室温超过 35℃时，干式三相重迭安装的电抗器线圈表面温度不应超过 85℃，单独安装不应超过 75℃。

（5）运行中的电抗器室不应堆放铁件、杂物，且通风口亦不应堵塞，门窗应严密。

（6）电容器组电抗器支持瓷瓶接地要求。

1）重叠安装时，底层每只瓷瓶应单独接地，且不应形成闭合回路，其余瓷瓶不接地。

2）三相单独安装时，底层每只瓷瓶应独立接地。

3）支柱绝缘子的接地线不应形成闭合环路。

（7）电容器组电缆投运前应定相，应检查电缆头接地良好，并有相色标志。两根以上电缆两端应有明显的编号标志，带负荷后应测量负荷分配是否适当。在运行中需加强监视，一般可用红外线测温仪测量温度，在检修时，应检查各接触面的表面情况。停电超过一个星期不满一个月的电缆，在重新投入运行前，应用摇表测量绝缘电阻。

（8）电力电容器允许在额定电压±5％波动范围内长期运行。电力电容器过电压倍数及运行持续时间按表 4-2 执行，尽量避免在低于额定电压下运行。

表 4-2   电力电容器过电压倍数及运行持续时间

过电压倍数	持续时间	说明
1.05	连续	
1.10	每 24h 中的 8h	
1.15	每 24h 中的 30min	系统电压调整与波动
1.20 1.30	5min 的 1min	轻荷载时电压升高

（9）电力电容器允许在不超过额定电流的 30％运况下长期运行。三相不平衡电流不应超过±5％。

（10）电力电容器运行室温度最高不允许超过 400℃，外壳温度不允许超过 509℃。

（11）电力电容器组必须有可靠的放电装置，并且正常投入运行。高压电容器断电后在 5s 内应将剩余电压降到 50V 以下。

（12）安装于室内电容器必须有良好的通风，进入电容器室应先开启通风装置。

（13）电力电容器组新装投运前，除各项试验合格并按一般巡视项目检查外，还应检查放电回路，保护回路、通风装置应完好。构架式电容器装置每只电容器应编号，在上部 1/3 处贴 45～50℃试温蜡片。在额定电压下合闸冲击 3 次，每次合闸间隔时间 5min，应将电容器残留电压放完时方可进行下次合闸。

（14）装设自动投切装置的电容器组，应有防止保护跳闸时误投入电容器装置的闭锁回路，并应设置操作解除控制开关。

（15）电容器熔断器熔丝的额定电流不小于电容器额定电流的 1.43 倍选择。

（16）投切电容器组时应满足下列要求。

1）分组电容器投切时，不得发生谐振（尽量在轻载荷时切出）；对采用混装电抗器的电容器组应先投电抗值大的，后投电抗值小的，切时与之相反。

2）投切一组电容器引起母线电压变动不宜超过 2.5％。

（17）在出现保护跳闸或因环境温度长时间超过允许温度，及电容器大量渗油时禁止合闸；电容器温度低于下限温度时，避免投入操作。

（18）正常运行时，运行人员应进行的不停电维护项目。

1）电容器外观、绝缘子、台架及外熔断器检查及更换。

2）电容器不平衡电流的计算及测量。

3）每季定期检查电容器组设备所有的接触点和连接点1次。

4）在电容器运行后，每年测量1次谐波。

（19）电容器正常运行时，应保证每季度进行1次红外成像测温，运行人员每周进行1次测温，以便于及时发现设备存在的隐患，保证设备安全、可靠运行。

（20）对于接入谐波源用户的变电站电容器组，每年应安排1次谐波测试，谐波超标时应采取相应的消谐措施。

2. 正常巡视项目及标准

（1）检查瓷绝缘有无破损裂纹、放电痕迹，表面是否清洁。

（2）母线及引线是否过紧过松，设备连接处有无松动、过热。

（3）设备外表涂漆是否变色、变形，外壳无鼓肚、膨胀变形，接缝无开裂、渗漏油现象，内部无异声。外壳温度不超过50℃。

（4）电容器编号正确，各接头无发热现象。

（5）熔断器、放电回路完好，接地装置、放电回路是否完好，接地引线有无严重锈蚀、断股。熔断器、放电回路及指示灯是否完好。

（6）电容器室干净整洁，照明通风良好，室温不超过40℃或低于−25℃。门窗关闭严密。

（7）电抗器附近无磁性杂物存在；油漆无脱落、线圈无变形；无放电及焦味；油电抗器应无渗漏油。

（8）电缆挂牌是否齐全完整，内容正确，字迹清楚。电缆外皮有无损伤，支撑是否牢固电缆和电缆头有无渗油漏胶，发热放电，有无火花放电等现象。

3. 特殊巡视项目及标准

（1）雨、雾、雪、冰雹天气应检查瓷绝缘有无破损裂纹、放电现象，表面是否清洁；冰雪融化后有无悬挂冰柱，桩头有无发热；建筑物及设备构架有无下沉倾斜、积水、屋顶漏水等现象。大风后应检查设备和导线上有无悬挂物，有无断线；构架和建筑物有无下沉倾斜变形。

（2）大风后检查母线及引线是否过紧过松，设备连接处有无松动、过热。

（3）雷电后应检查瓷绝缘有无破损裂纹、放电痕迹。

（4）环境温度超过或低于规定温度时，检查温蜡片是否齐全或熔化，各接头有无发热现象。

（5）断路器故障跳闸后应检查电容器有无烧伤、变形、移位等，导线有无短路；电容器温度、音响、外壳有无异常。熔断器、放电回路、电抗器、电缆、避雷器等是否完好。

（6）系统异常（如振荡、接地、低周或铁磁谐振）运行消除后，应检查电容器有无放电、温升。

4.7 电容器成套装置检修

危险点分析及防范措施如下：

（1）高空作业时，易高空坠落。高空作业工作人员须系保险带，防止工作人员高空坠落。

（2）检修前电容器未逐个多次放电接地，可能会造成检修人员遭电击。检修前应对电容器逐个多次放电并接地。

（3）长物（竹梯）搬运时或举起、放倒未按规定进行，可能失控触及带电设备。两人或多人放倒搬运。

2. 检修作业项目及工艺标准

（1）电容器组各设备一次接头拆除并检查线夹应无变色、开裂、熔化；拆头时要防止工器具碰伤瓷套，高处作业人员必须系安全带。

（2）检查清扫瓷套无裂纹、损坏及放电痕迹，瓷套表面清洁无污物；检查电容器外观，电容器应无无鼓肚和渗漏油。

（3）电容器熔丝应完好无断股、弹簧无锈蚀断裂、熔丝熔管无起皮脱落、电气连接部位接触应良好。

（4）检查清扫连接铝排支柱绝缘子，瓷套无裂纹、损坏及放电痕迹，瓷套表面清洁无污物。电容器连接铝排应平整无变形、紧固件牢固无松动，软导线无破损，长期允许电流应不小于额定电流的3倍，并有适量松弛度，各接头应接触良好。

（5）放电线圈检修时，检查清扫瓷套，瓷套无裂纹、损坏及放电痕迹，瓷套表面清洁无污物。清扫放电线圈，放电线圈应无变形、渗漏油，表面清洁。

（6）电抗器检修时，检查清扫支柱绝缘子，瓷套无裂纹、损坏及放电痕迹，瓷套表面清洁无污物，检查清扫电抗器外观，电抗器应无变形、表面清洁无污物，检查电抗器放电间隙、阻尼电阻放电间隙、阻尼电阻符合要求。

（7）清扫并检查避雷器表面，避雷器外表无污垢，表面无破损，在线监测仪（放电计数器）指示装置动作应灵敏，在线监测仪（放电计数器）密封无渗漏；小瓷套引线应有适量松弛度，小瓷套不应受力。

（8）电容器组电气试验例行试验合格、无漏项。

（9）电容器组各设备一次接头恢复除并检查各接触面应清拭干净，除去氧化膜和油漆，涂电力复合脂；各连接搭头螺栓应紧固，接触良好；套管接头不应受力，接线正确。接头时要防止工器具碰伤瓷套，作业人员必须系安全带。

（10）机械闭锁、电气闭锁应闭锁完好。

（11）刷保护漆及相位漆，相位漆标示正确；油漆均匀。

（12）组织有关检修人员对检修设备进行自验收，做到无漏检项目；检查现场安全措施有无变动，补充安全措施是否拆除，要求现场安全措施与工作票中所载相符；检查操作电源等设备是否已恢复至工作许可时状态，要求恢复至工作许可时状态。

4.8 电容器成套装置的反事故技术措施要求

1. 高压并联电容器部分

(1) 加强高压并联电容器工作场强控制，在压紧系数为 1（即 $K=1$）条件下，膜纸电容器绝缘介质的平均场强不得大于 38kV/mm，全膜电容器绝缘介质平均场强不得大于 57kV/mm。

(2) 定期进行电容器组单台电容器电容量的测量，推荐使用不拆连接线的测量方法，避免因拆装连接线导致套管受力而发生套管渗漏油的故障。

对于内熔丝电容器，334kvar 以上容量的电容器，当电容量减少超过 1%～3% 时，应认真检查，发现问题应退出运行；334kvar 容量的电容器，当电容量减少超过 5% 时，应退出运行；200kvar 及以下容量的电容器，当电容量减少超过 10% 时，应退出运行。

对用外熔断器保护的电容器，一旦发现电容量增大超过一个串段击穿所引起的电容量增大，应立即退出运行，避免电容器带故障运行而发展成扩大性故障。

(3) 电容器连接线应为软连接，或采用有伸缩节的铜排（或铝排），避免电容器因连接线的热胀冷缩使套管受力而发生渗漏油故障。

(4) 在电容器采购中，应要求生产厂提供供货电容器局部放电试验抽检报告。局部放电试验报告必须给出局部放电起始电压、局部放电量和局部放电熄灭电压。其中，局部放电起始电压应不小于 1.5，局部放电量（1.5 下）应不大于 100pC，局部放电熄灭电压应不小于 1.2。

(5) 10kV 系统用的电容器的内部元件不宜采用 3 串结构，避免因电容器保护配合不当和局放性能变差造成不必要的危害。

(6) 在电容器采购中，应要求生产厂供货的电容器极对壳局部放电熄灭电压不低于 1.2 倍最高运行线电压（外壳落地式产品），外壳置于绝缘台架的产品（含集合式内单元置于绝缘台架的产品）的极对壳局部放电熄灭电压与相同绝缘水平的电容器的要求。

(7) 自愈式高压并联电容器厂必须提供实用条件下的保护性能试验报告，不得使用无保护措施的自愈式高压并联电容器，避免着火事故的发生。

(8) 自愈式高压并联电容器厂应提供耐久性试验报告，避免自愈式高压并联电容器寿命过短造成的损失。

2. 电抗器部分

(1) 干式空芯电抗器宜放置在电容器组的电源侧，铁芯电抗器宜放置在电容器组的中性点侧。

(2) 禁止使用裸漆包线直接包绕干式空心电抗器。

(3) 室内选用空心电抗器时，一定要使空心电抗器对应的一定空间范围内，避开继电保护和微机室，避免因电抗器的投运而使继电保护及微机不能正常工作。当不能避开时，宜用铁芯电抗器。

(4) 选用空心串联电抗器时，一定要电抗器周边结构件（框架或护栏）的金属件呈开环状，尤其是地下接地体不得呈金属闭合环路状态，避免因外部金属闭合环路感应电流形成的磁场造成电抗器电压分布或电流分布不均匀而加速电抗器损坏。

(5) 使用干式空心电抗器时，尽可能不用叠装结构，避免电抗器单相事故发展为相间事故。

3. 放电线圈部分

(1) 放电线圈首末端必须与电容器首末端相连接。当串联电抗器置于电容器组的中性点侧时，放电线圈首末端可以与中性点相连接。

(2) 严禁将电容器组三台放电线圈的一次绕组接成三角形或 V 形接线，避免放电线圈故障扩大成相间事故。此外，因为行业标准《高压并联电容器用放电线圈使用技术条件》(DL/T 653—2009) 不适用于接于线间的放电线圈，无法保证产品安全运行。

(3) 停止使用油浸非全密封放电线圈，防止放电线圈因受潮而发生爆炸事故。对已运行的非全密封放电线圈应加强绝缘监督，发现受潮现象应及时更换，不可抱侥幸心理。

(4) 放电线圈的中性点与电容器组中性点不相连的星形接线方式，应只用于小容量电容器中性点不可触及的场合，否则不得使用这种接线，避免发生触及中性点部分而造成的触电事故。

(5) 禁止使用放电线圈中心点接地的接线方式。

(6) 验收电容器装置时，必须认真校核放电线圈的线圈极性和接线是否正确，确认无误后方可进行试投，试投时不平衡保护不得退出运行，避免因放电线圈极性和接线错误造成的放电线圈损坏，甚至爆炸。

4.9 电容器成套装置常见故障原因分析、判断及处理

4.9.1 电容器的常见故障

电容器的常见故障主要有以下方面：

(1) 外壳鼓肚变形。

(2) 严重渗漏油。

(3) 温度过高，内部有异常音响。

(4) 爆炸、着火。

(5) 单台熔丝熔断。

(6) 套管闪络或严重放电。

(7) 接触点严重过热或熔化。

4.9.2 电容器故障产生的原因及处理方法

1. 外壳鼓肚变形

(1) 产生原因：①介质内产生局部放电，使介质分解而析出气体；②部分元件击穿或极对外壳击穿，使介质析出气体。

(2) 处理方法。立即将其退出运行。

2. 渗漏油

(1) 产生原因。

1）搬运时提拿瓷套，使法兰焊接出裂缝。

2）接线时拧螺丝过紧，瓷套焊接出损伤。

3）产品制造缺陷。

4）温度急剧变化。

5）漆层脱落，外壳锈蚀。

（2）处理方法。

1）用铅锡料补焊，但勿使过热，以免瓷套管上银层脱落。

2）改进接线方法，消除接线应力，接线时勿搬摇瓷套，勿用猛力拧螺丝帽。

3）防爆晒，加强通风。

4）及时除锈、补漆温度过高。

3．温度过高

（1）产生原因。

1）环境温度过高，电容器布置过密。

2）高次谐波电流影响。

3）频繁切合电容器，反复受过电压和作用。

4）介质老化，$\tan\delta$不断增大。

（2）处理方法。

1）改善通风条件，增大电容器间隙。

2）加装串联电抗器。

3）采取措施，限制操作过电压及涌流。

4）停止使用及时更换。

4．爆炸着火

（1）产生原因。内部发生极间或机壳间击穿而又无适当保护时，与之并联的电容器组对其放电，因能量大爆炸着火。

（2）处理方法。

1）立即断开电源。

2）用沙子或干式灭火器灭火。

5．单台熔丝熔断

（1）产生原因。

1）过电流。

2）电容器内部短路。

3）外壳绝缘故障。

（2）处理方法。

1）严格控制运行电压。

2）测量绝缘，对于双极对地绝缘电阻不合格或交流耐压不合格的应及时更换。投入后继续熔断，则应退出该电容器。

3）查清原因，更换保险。若内部短路则应将其退出运行。

4）因保险熔断。引起相对电流不平衡接近 2.5％时，应更换故障电容器或拆除其他相电容器进行调整。

4.9.3 检查处理电容器故障时的注意事项

（1）电容器组断路器跳闸后，不允许强送电。过流保护动作跳闸应查明原因，否则不允许再投入运行。

（2）在检查处理电容器故障前，应先拉开断路器及隔离刀闸，然后验电装设接地线。

（3）由于故障电容器可能发生引线接触不良，内部断线或熔丝熔断，因此有一部分电荷有可能未放出来，所以在接触故障电容器前，应戴绝缘手套，用短路线将故障电容器的两极短接，方可动手拆卸。对双星形接线电容器组的中性线及多个电容器的串接线，还应单独放电。

（4）条遇有下列情况时，应退出电容器。

1）电容器发生爆炸。

2）接头严重发热或电容器外壳示温蜡片熔化。

3）电容器套管发生破裂并有闪络放电。

4）电容器严重喷油或起火。

5）电容器外壳明显膨胀，有油质流出或三相电流不平衡超过5％以上，以及电容器或电抗器内部有异常声响。

6）当电容器外壳温度超过55℃，或室温超过40℃时，采取降温措施无效时。

7）密集型并联电容器压力释放阀动作时。

（5）变电站全站停电或接有电容器的母线失压时，应先拉开该母线上的电容器断路器，再拉开线路断路器；来电后根据母线电压及系统无功补偿情况最后投入电容器。

4.9.4 典型的故障案例

1. 电容器组支持瓷瓶破裂

故障情况为电容器组支持瓷瓶破裂，如图4-11、图4-12所示。

图4-11　电容器组连接支柱

图 4 - 12　电容器支柱瓷瓶破损

故障原因为：安装工艺不良，水平偏差大，瓷瓶额外受力；瓷瓶抗拉、抗扭能力差；产品设计不合理，瓷瓶承重超限。

采取对策为：调整瓷瓶安装位置，尽量保持垂直和水平；在瓷瓶两端加橡胶垫，增加缓冲间隙；采用高强瓷瓷瓶。

2. 电容器组有异常声响

故障情况为电容器组发热渗油，其中电容器组型号为 TBB35 - 60000/500AQW 桂林电力电容器，放电线圈为 FD312/2 - 4.0 - 1W 温州凯特特种电器。

故障原因为 3 号主变 3 号电容器组有异常声响，进行红外测温发现 3 号主变 3 号电容器组 B 相 16 号电容器引线接头温度 163.9℃、3 号主变 3 号电容器组 C 相 6 号放电线圈上部硬母线连接处温度 74.7℃。通过计算，在电容器装置投入两组的时候，刚好与系统发生谐振，3 次谐波电流放大 32 倍，造成电容器过早的损坏。电容器渗油现象如图 4 - 13 所示，封圈小孔渗油如图 4 - 14 所示。

图 4 - 13　电容器渗油

图 4 - 14　封圈小孔渗油

B相16号电容器引线接头温度163.9℃，现场检查发现螺栓未紧固（安装时遗漏），检修人员对其接触面进行处理并将螺栓紧固。

对渗油处螺栓紧固处理，但其渗漏原因主要由过热引起，如图4-15所示，电容器引线接头接触面过小，引起接触发热，传导到放电线圈内部，使得油膨胀，引起渗油。建议结合年检更换连接铜线。

图4-15　连接铜线

第5章 直流设备检修

5.1 直流系统的基础知识

发电厂和变电站中，为控制、信号、保护和自动装置（统称为控制负荷）以及断路器电磁合闸、直流电动机、交流不停电电源、事故照明（统称为动力负荷）等供电的直流电源系统，通称为直流操作电源。它的主要作用为：①正常状态下为发电站、换流站的高压断路器跳/合闸，继电保护及自动装置、通信等提供直流电源；②在站用电中断的情况下，发挥其"独立电源"的作用——为继电保护及自动装置、断路器跳闸与合闸、通信、事故照明等提供后备电源。

5.1.1 通用技术要求

5.1.1.1 系统组成

直流系统包括交流输入、微机监控、充电、馈电、蓄电池组、绝缘监察（接地选线可选）、放电（可选）、母线调压装置（可选）、电压监测（可选）、电池巡检（可选）等单元组成，如图5-1所示。

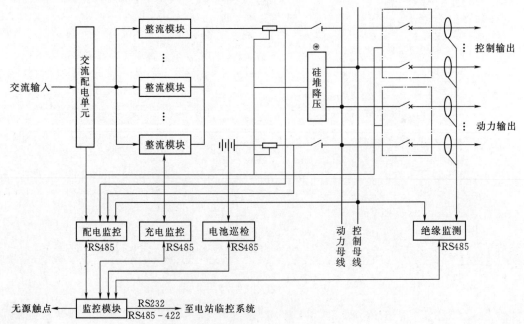

图5-1 直流系统的组成框图

⊛—系统不设置硅降压装置时，动力母线和控制母线合并

1. 交流输入

每个成套充电装置应有两路交流输入，互为备用，当运行的交流输入失去时能自动切换到备用交流输入供电。

对于额定交流输入为380V的充电装置，则应监视各线电压。其表计的精度应不低于1.5级。

直流电源系统应装设有防止过电压的保护装置。

2. 母线调压装置

在动力母线（或蓄电池输出）与控制母线间设有母线调压装置的系统，应采用防止母线调压装置开路造成控制母线失压的有效措施。

母线调压装置的标称电压不小于系统标称电压的15%。

3. 直流系统的电压、电流监测

应能对直流母线电压、充电电压、蓄电池组电压、充电装置输出电流、蓄电池的充电和放电电流等参数进行监测。

蓄电池输出电流表要考虑蓄电池放电回路工作时能指示放电电流，否则应装设专用的放电电流表。

直流电压表、电流表应采用精度不低于1.5级的表计，如采用数字显示表，应采用精度不低于0.1级的表计。

电池监测仪应实现对每个单体电池电压的监控，其测量误差应不大于2‰。

4. 电池组（柜）

大容量的阀控蓄电池应安装在专用的蓄电池室内。容量在300Ah及以下的阀控蓄电池，可安装在电池柜内。

电池柜内应装设温度计。

电池柜体结构应有良好的通风、散热。电池柜内的蓄电池应摆放整齐并保证足够的空间，蓄电池间不小于15mm，蓄电池与上层隔板间不小于150mm。

系统应设有专用的蓄电池放电回路，其直流空气断路器容量应满足蓄电池容量要求。

5. 高频开关电源模块

N+1配置，并联运行方式，模块总数宜不小于3块，其均流不平衡度应不大于±5%。工作原理如图5-2所示。

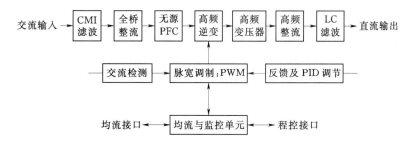

图5-2 高频开关整流模块工作原理

监控单元发出指令时，按指令输出电压、电流，监控单元故障时，可输出恒定电压给电池浮充。可带电拔插更换。软启动、软停止，防止电压冲击。

5.1.1.2 元器件要求

直流回路中严禁使用交流空气断路器；当使用交直流两用空气断路器时，其性能必须满足开断直流回路短路电流和动作选择性的要求。

直流空气断路器、熔断器应具有安—秒特性曲线，上下级应大于 2 级的配合级差，并应满足动作选择性的要求。

直流电源系统中应防止同一条支路中断路器与空气断路器混用，尤其不应在空气断路器的下级使用熔断器。防止在回路故障时失去动作选择性。

蓄电池组、交流进线、整流装置直流输出等重要位置的熔断器、断路器应装有辅助报警触点。无人值班变电站的各直流馈路熔断器或断路器宜装有辅助报警触点。

柜内母线、引线应采取硅橡胶热缩或其他防止短路的绝缘防护措施。

5.1.1.3 电气绝缘性能

1. 绝缘电阻

柜内直流汇流排和电压小母线，在断开所有其他连接支路时，对地的绝缘电阻应不小于 10MΩ。

蓄电池组的绝缘电阻：电压为 220V 的蓄电池组不小于 200kΩ；电压为 110V 的蓄电池组不小于 100kΩ。

2. 工频耐压

柜内各带电回路，按其工作电压应能承受表 5-1 所规定历时 1min 的工频耐压的试验，试验过程中无绝缘击穿和闪络现象。

表 5-1 绝缘试验的试验等级

额定绝缘电压 U_i 额定工作电压交流均方根值或直流 /V	工频电压 /kV	冲击电压 /kV	额定绝缘电压 U_i 额定工作电压交流均方根值或直流 /V	工频电压 /kV	冲击电压 /kV
≤60	1.0	1	300<U_i≤500	2.5	12
60<U_i≤300	2.0	5			

5.1.1.4 蓄电池组容量

蓄电池组应按表 5-2 规定的放电电流和放电终止电压规定值进行容量试验。蓄电池组应进行 3 次放电循环，第三次循环应达到额定容量。

表 5-2 电池放电终止电压与充放电电流

电池类别	标称电压/V	放电终止电压/V	额定容量/Ah	充放电电流/A
阀控式密封铅酸蓄电池	2	1.8	C_{10}	I_{10}
	6	5.25×(1.75×3)	C_{10}	I_{10}
	12	10.5×(1.75×6)	C_{10}	I_{10}

注 C_{10}—10h 率额定容量，Ah；I_{10}—10h 率放电电流，数值为 $C_{10}/10$，A。

5.1.1.5 事故放电能力

蓄电池组按规定的事故放电电流放电 1h 后，叠加规定的冲击电流，进行 10 次冲击放电。冲击放电时间为 500ms，两次之间间隔时间为 2s，在 10 次冲击放电的时间内，直流（动力）母线上的电压不得低于直流标称电压的 90%。

5.1.1.6 负荷能力

设备在正常浮充电状态下运行，当提供冲击负荷时，要求其直流母线上电压不得低于直流标称电压的 90%。

5.1.1.7 连续供电

设备在正常运行时，交流电源突然中断，直流母线应连续供电，其直流（控制）母线电压波动瞬间的电压不得低于直流标称电压的 90%。

5.1.1.8 电压调压功能

设备内的调压装置应具有手动调压功能和自动调压功能。采用无级自动调压装置的设备，应有备用调压装置。当备用调压装置投入运行时，直流（控制）母线应连续供电。

5.1.1.9 充电装置的技术性能

（1）设备应有充电（恒流、限流恒压充电），浮充电及自动转换的功能，并具有软启动特性。

（2）充电装置主要技术参数应达到表 5-3 中的规定。

表 5-3　　　　　　　　　　充电装置的精度及纹波系统允许值

项目名称	高频开关电源型	项目名称	高频开关电源型
稳压精度	≤±0.5%	纹波系数	≤0.5%
稳流精度	≤±1%		

5.1.1.10 限压及限流特性

充电装置以稳流充电方式运行，当充电电压达到限压整定值时，设备应能自动限制电压，自动转换为恒压充电运行。充电装置以稳压充电方式运行，若输出电流超过限流的整定值，设备能自动限制电流，并自动降低输出电压，输出电流将会立即降低至整定值以下。

（1）恒流充电时，充电电流的调整范围为 $20\%I_n \sim 130\%I_n$（I_n 为额定电流）

（2）恒压运行时，充电电流的调整范围为 $0 \sim 100\%I_n$。

（3）2V 铅酸蓄电池电压调整范围为 90%～125%。

5.1.1.11 保护及报警功能要求

1. 绝缘监察要求

直流 220V 系统，绝缘监察装置绝缘监察水平应不小于 25kΩ；直流 110V 系统，绝缘监察装置绝缘监察水平应不小于 7kΩ。

当设备直流系统发生接地故障（正接地、负接地或正负同时接地）其绝缘水平下降到地于下限值时，应满足以下要求：

（1）设备的绝缘监察应可靠动作。

（2）能直读接地的极性。

（3）设备应发出灯光信号并具有远方信号触点以便引接屏（柜）的端子。

2. 电压监察要求

设备内的过电压继电器电压返回系数应大于 0.95，欠压继电器电压返回系数应小于 1.05。当直流母线电压高于或低于规定值应满足以下要求：

（1）设备的电压监察应可靠动作。

（2）设备应发出灯光信号，并具有远方信号触点以便引接屏（柜）的端子。

（3）设备的电压监察装置应配有仪表并具有直读功能。

3. 故障报警要求

当交流电源失压（包括断相）、充电装置故障、绝缘监察装置故障或蓄电池组等熔断器熔断时，设备应能可靠发出报警信号。

5.1.1.12 微机监控装置要求

1. 程序控制

（1）监控装置应具有充电、长期运行、交流中断的程序控制。

（2）微机监控装置能自动进行恒流限压充电—恒压充电—浮充电—进入正常充电运行状态。

（3）根据整定时间，微机监控装置将自动地对蓄电池组进行均衡充电。

2. 显示及报警功能

（1）监控装置应能显示交流输入电压、直流控制母线电压、直流动力母线电压、充电电压、蓄电池组电压、充电装置输出电流、蓄电池的充电、放电电流等参数。

（2）监控装置应能对其参数进行设定、修改。若发现下列状态：交流电压异常、充电装置异常、母线电压异常、蓄电池电压异常、母线接地等，应能发出相应信号及声光告警。

（3）监控装置能自我诊断内部的电路故障和不正常的运行状态，并发出声光告警。

3. 三遥功能

监控装置内应设有通信接口，实现对设备的遥信、遥测及遥控，其主要功能要求如表 5-4 所示。

表 5-4   遥信、遥测及遥控功能

功能项目	功能要求
遥测	交流输入电压、直流母线电压、负载总电流、蓄电池电压、电池充放电电流等参数
遥信	充电装置故障、交流电压异常、控制母线过/欠压、直流接地、直流空气断路器脱扣、电池组熔断器熔断、绝缘监察和其他装置故障等信号
遥控	直流电源装置的开启、关停控制
	充电装置的均、浮充转换控制

5.1.2 直流系统接线

直流系统接线方式根据变电站电压等级不同分为一组蓄电池、一台充电机、单母线分段接线；两组蓄电池、两台充电机、两段单母线接线；两组蓄电池、三台充电机、两段单母线接线。

1. 一组蓄电池、一台充电机、单母线分段接线

正常运行时，充电装置经直流母线对蓄电池充电，同时向两段直流母线提供经常负荷电流。蓄电池的浮充或均充电压即为直流母线正常的输出电压。此接线方式一般运用于110kV变电站，如图5-3所示。

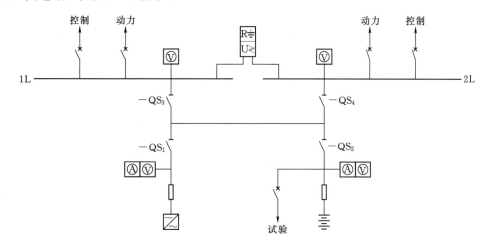

图5-3　一组蓄电池、一台充电机、单母线分段接线

Ⓐ—电流表；Ⓥ—电压表；R—绝缘监测装置对地电阻门槛值；U—绝缘监测装置母线电压差；
－QS₁—交流开关；－QS₂—蓄电池开关；－QS₃—Ⅰ段母线开关；－QS₄—Ⅱ段母线开关

2. 两组蓄电池、两台充电机、两段单母线接线

正常运行时，母联开关断开，各母线段的充电装置经直流母线对蓄电池充电，同时提供经常负荷电流。蓄电池的浮充或均充电压即为直流母线正常的输出电压。此接线方式一般运用于220kV变电站或特别重要的110kV变电站，如图5-4所示。

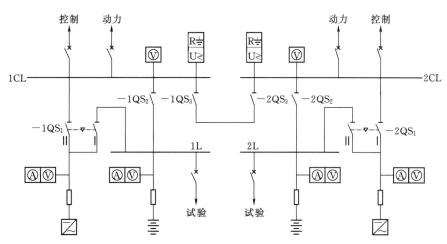

图5-4　两组蓄电池、两台充电机、两段单母线接线

Ⓐ—电流表；Ⓥ—电压表；R—绝缘监测装置对地电阻门槛值；U—绝缘监测装置母线电压差；
－1QS₁—Ⅰ路交流开关；－1QS₂—Ⅰ组蓄电池开关；－1QS₃—Ⅰ段母线开关；
－2QS₃—Ⅱ段母线开关；－2QS₁—Ⅱ路交流开关；－2QS₂—Ⅱ组蓄电池开关

3. 两组蓄电池、三台充电机，两段单母线接线

正常运行时，母联开关断开，各母线段的充电装置经直流母线对蓄电池充电，同时提供经常负荷电流。蓄电池的浮充或均充电压即为直流母线正常的输出电压。此接线方式一般运用于 500kV 变电站或特别重要的 220kV 变电站，如图 5-5 所示。

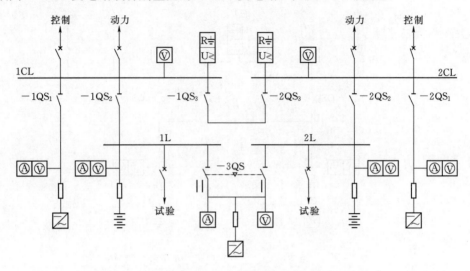

图 5-5　两组蓄电池、三台充电机、两段单母线接线

Ⓐ—电流表；Ⓥ—电压表；R—绝缘监测装置对地电阻门槛值；U—绝缘监测装置母线电压差；
−1QS$_1$—Ⅰ路交流开关；−1QS$_2$—Ⅰ组蓄电池开关；−1QS$_3$—Ⅰ段母线开关；
−2QS$_3$—Ⅱ段母线开关；−2QS$_1$—Ⅱ路交流开关；−2QS$_2$—Ⅱ组
蓄电池开关；−3QS—Ⅲ路交流开关

5.2　蓄电池充电设备安装

5.2.1　设备安装工艺要求

1. 充电设备屏、柜的安装

（1）充电设备屏、柜的安装，应符合现行国家标准《电气装置安装工程盘、柜及二次回路接线施工及验收规范》（GB 50171—1992）的有关规定。

（2）充电设备屏、柜与基础连接，宜采用螺栓固定。组合式柜间的连接，应采用螺栓连接。

（3）充电设备非带电金属部分需接地时，应符合现行国家标准《电气装置安装工程接地装置施工及验收规定》（GB 50169—1992）中的有关规定。

（4）充电设备屏、柜就位后，柜内外的污垢应清除干净。临时固定器件的绳索应拆除。

2. 充电设备屏、柜外观检查应符合的要求

（1）插件版的名称与标志应无错位，插件版内的线路应清晰、洁净、无腐蚀、平滑无毛刺、无条间粘连、各焊点之间无明显断开。

（2）插接件的插头与插座的接触簧片应有弹性，且镀层完好，插接时应接触良好可靠。

（3）变流元件、熔断器、继电器、信号灯、绝缘子等器件的型号、规格、数量应符合技术文件的要求，并应完整无损。

（4）连接导线的螺栓应无松动，线鼻子压接应牢固无开裂。焊接连接的导线应无脱焊、虚焊、碰壳及短路。

（5）元件、器件出厂时调整的定位标志不应错位。

（6）固定在冷却散热器上的电力电子元件应无松动。

（7）快速熔断器的型号和规格，不得任意调换或代用。

3. 充电设备的电缆敷设与配线应符合的规定

（1）控制电缆、屏蔽电缆及电力电缆的敷设，应符合现行国家标准《电气装置安装工程线路施工及验收规范》的规定。

（2）晶闸管触发系统的脉冲连线，宜采用绞合线或带屏蔽的绞合线。当采用屏蔽线连接时，其屏蔽层应一段可靠接地。

（3）电气回路的接线应正确，配线应美观。接线端子应清晰的编号，强电与弱电回路分开，母线的连接应符合设计要求。

4. 充电设备中的印刷电路板及电子元件的焊接应符合的要求

（1）焊接时严禁使用酸性助焊剂，焊接前应除去焊接处的污垢，并在挂锡后进行焊接。

（2）电子元器件的焊接，宜使用不大于30W的快速烙铁，其操作时间不宜过长。

（3）焊接高灵敏度元件时，应使用电压不高于12V的电烙铁，或断开电烙铁电源后再焊接。

5.2.2 设备安装技术要求

1. 绝缘电阻

对不同电压等级的设备或回路，应使用相应电压等级的兆欧表进行试验。

（1）主回路对二次回路及对地的绝缘电阻值，不应小于$1M\Omega$。

（2）二次回路对地的绝缘电阻值，不应小于$1M\Omega$，在比较潮湿的地方，不宜小于$0.5M\Omega$（不包括印刷电路板弱电回路的绝缘电阻测量）。

2. 充电设备各参数运行控制值

充电设备各参数运行控制值如表5-5所示。

表5-5　　　　　　　　　　　充电装置各参数运行控制值

充电装置名称	稳流精度 /%	稳压精度 /%	纹波因数 /%	效率 /%	噪声 /dB(A)	均流不平衡度 /%
高频开关电源型充电装置	≤±1	≤±0.5	≤0.5	≥90	≤55	≤±5

3. 充电装置电压调整范围

调整范围内的最高输出电压和最低输出电压应满足所采用充电方式的要求：对220V

系统，要求 DC198～286V；对 110V 系统，要求 DC99～143V。

4. 充电装置的输入功率

输入功率为额定电流的 1.1 倍与充电电压上限值之乘积，并要考虑充电装置的效率。

5. 限流及保护短路

当直流输出电流超出整定的电流值时，应具有先留功能，限流值整定范围为直流输出额定值的 50%～105%。当母线或出线支路发生短路时，应具有短路保护功能，短路电流整定值为额定电流的 115%。

6. 抗干扰能力

高频开关电源型充电装置应具有三级震荡波和一级静电放电抗干扰度试验的能力。

7. 谐波要求

充电装置在运行中，返回交流输入端的各次谐波电流含有率，应不大于基波电流的 30%。

8. 充电装置的保护及声光报警

充电装置应具有过压、欠压、绝缘监察、交流缺相等保护剂声光报警的功能。继电保护整定值如表 5-6 所示。

表 5-6　　　　　　　　　　　　继电保护整定值

名称	整定值	
	额定直流电压 110V 系统	额定直流电压 220V 系统
过电压继电器	121V	242V
欠电压继电器	99V	198V
直流绝缘监察继电器	7kΩ	25kΩ

9. 充电装置元件极限温升

充电装置各元件极限温升值如表 5-7 所示。

表 5-7　　　　　　　　　充电装置各元件极限温升值

部件或器件	极限温升值/℃	部件或器件	极限温升值/℃
整流管外壳	70	半导体器件连接处的塑料绝缘线	25
晶闸管外壳	55	整流变压器、电抗器的 B 级绝缘绕组	80
降压硅堆外壳	85	铁芯表面温升	不损伤相接触的绝缘零件
电阻发热元件	25（距外表 30mm 处）	铜与铜接头	50
半导体器件的连接处	55	铜搪锡与铜搪锡接头	60

5.2.3　充电设备的交接验收

1. 交接验收检查项目

（1）设备试运行的连续时间，试验工况应测得参数，应符合技术要求。

（2）设备的外壳应完整，无缺损。

（3）设备油漆应完整，无缺损。

（4）设备或装置的接线应良好。

2．交接验收上交资料

（1）安装试验记录和竣工图纸。

（2）设计变更通知等证明文件。

（3）产品说明书、产品合格证、出厂试验报告等技术文件。

（4）安装检查和安装中器件紧固、修整、更换的记录。

（5）调整、检查及整定值的记录。

（6）设备试运行的记录。

5.3　直流系统状态检修导则

5.3.1　直流系统状态检修原则

状态检修应遵循"应修必修，修必修好"的原则，依据设备状态评价的结果，考虑设备风险因素，动态制定设备的检修计划，合理安排状态检修的计划和内容。

5.3.2　直流系统巡视检查项目

（1）蓄电池室通风、照明及消防设备完好，温度符合要求，无易燃、易爆品。

（2）蓄电池组外观清洁，无短路、接地。

（3）各连片连接牢靠无松动，端子无生盐，并涂有中性凡士林。

（4）蓄电池外壳无裂纹、漏液，呼吸器无堵塞，密封良好，电解液液面高度在合格范围。

（5）蓄电池极板无龟裂、弯曲、变形、硫化和短路，极板颜色正常，无欠充电、过电流，电解液温度不超过 35℃。

（6）典型蓄电池电压、密度在合格范围内。

（7）充电装置交流输入电压、直流输出电压、电流正常，表计指示正确，保护的声、光信号正常，运行声音无异常。

（8）直流控制母线、动力母线电压值在规定范围内，浮充电流值负荷规定。

（9）直流系统的绝缘状况良好。

（10）各支路的运行监视信号完好、指示正常，熔断器无熔断，自动空气开关位置正确。

5.3.3　检修项目及要求

直流电源系统设备在正常运行或检修时，应按故障设备规定的项目、方法及要求进行检查、测试，以便准确地掌握设备的运行状况。

5.3.3.1　阀控蓄电池

阀控蓄电池检修周期为：新设备投运 2～4 年，两年一次；4 年以上每年一次。

1. 端电压

用万用表或直流电压表测量，若端电压偏差超过标准值时应重点检查以下方面：

（1）充电电压和电流是否符合要求。

（2）蓄电池壳体温度是否符合要求。

2. 内阻/电导

用蓄电池内阻测试仪或其他设备测量，若内阻较高，则着重检查以下方面：

（1）蓄电池的运行方式是否正确。

（2）蓄电池电压和温度是否在规定范围。

（3）蓄电池是否长期存在过充电或欠充电。

（4）运行年限是否超过制造厂家推荐年限。

3. 温度

用温度计测量，若蓄电池壳体温度超过 35℃时，应重点检查以下方面：

（1）蓄电池通风是否正常。

（2）蓄电池是否存在短路或过充电等情况。

4. 外观

通过外观检查或借助工器具检查，应重点检查以下方面：

（1）壳体是否清洁和有无爬酸现象，若有应擦拭干净，并保持通风和干燥。

（2）壳体是否有渗漏、变形，若有应及时更换。

（3）极柱螺丝是否松动，若有应紧固。

（4）环境温度是否正常。

5.3.3.2 高频开关电源充电装置

高频开关电源充电装置检修周期为每年至少一次。

1. 交流输入和直流输出

用万用表测量，若输入或输出不正常应重点检查以下方面：

（1）检查模块的交流输入电压。

（2）检查输入和输出插头是否紧固。

（3）检查模块的内部熔断器是否熔断。

（4）模块均流不平衡度是否在 5％范围内。

2. 外观

应重点检查的部位如下：

（1）模块的运行、均流指示灯和故障指示灯，若不正确应查明原因并处理。

（2）模块的壳体应完好无损。

（3）散热装置运行正常。

5.3.3.3 监控装置

监控装置检修周期为每年至少一次。

1. 参数设置

检查监控装置的参数设置，若参数发生变化应根据实际运行情况修正参数。

2. 检测值

检查监控装置的显示值和实测值是否一致，若显示值和实测值不一致应重点检查和调整的部位如下：

（1）回路是否完好。

（2）应调节监控装置内部相应的电位器。

3. 报警信息

检查、试验报警功能，若报警功能异常应重点检查的部位如下：

（1）检查报警值是否发生变化。

（2）报警装置是否正常。

4. 充电程序的功能转换

设置监控装置为恒流状态，将均充转浮充的时间设为最小，观察监控装置的自动转换程序的功能是否良好。若不能自动转换应重点检查的部位如下：

（1）充电程序转换的设置参数是否正确。

（2）实际转换的时间是否正确。

（3）最终自动强行转换是否能实现。

5.3.3.4 绝缘在线监测装置

绝缘在线监测装置检修周期为每年至少一次。

1. 检测值

检查装置的显示值和实测值是否一致，若显示值和实测值不一致应重点检查和调整的部位如下：

（1）回路是否完好。

（2）应调节监控装置内部相应的电位器。

2. 接地试验

用规定阻值的电阻分别在合闸、控制的某一出线上进行正极接地和负极接地试验，观察报警信息。若报警信息不正确则应重点检查和试验的部位如下：

（1）试验回路是否正确、完好。

（2）接地试验电阻、接线是否完好。

（3）绝缘在线装置是否完好。

（4）传感器是否正常。

（5）在线监测装置通道设置是否正确。

5.3.3.5 绝缘监测装置

绝缘监测装置检修周期为每年至少一次。

1. 测量正、负极对地电压

将装换开关分别切换到"正"或"负"的位置，分别测量正极或负极对地电压。若指示不正常应重点检查的部位如下：

（1）核对表计指示是否正确。

（2）回路是否接地，若有应立即消除。

2. 接地试验

用规定阻值的电阻分别在合闸、控制的某一出线上进行正极接地和负极接地试验，观察报警信息。若不正常则应重点检查的部位如下：

(1) 试验回路是否正确、完好。

(2) 接地试验电阻、接线是否完好。

(3) 绝缘继电器是否完好。

5.3.3.6 直流屏内相关设备

直流屏内相关设备检修周期为每年至少一次。

1. 交流切换装置

模拟其中一路交流失电，若交流配电装置切换不正常应重点检查的部位如下：

(1) 交流接触器是否完好。

(2) 切换回路是否完好。

2. 电压调节装置

通过自动和手动调整装置，观察电压调节装置是否有相应变化，若自动和手动不能调整应重点检查的部位如下：

(1) 电压调节装置是否完好。

(2) 合闸母线电压是否正常。

(3) 若某个手动挡位无输出或不正常的，应检查挡位开关是否正常。

(4) 如果控制母线电压偏离标称值，应调节调压装置的电位器。

(5) 若某一级或全部元件调节时电压无变化，此时应更换降压元件。

3. 电压监察装置

通过模拟接地试验，若装置动作不正常应重点检查的部位如下：

(1) 电压监察装置的定值。

(2) 电压监察装置、回路是否正常。

5.4 直流系统装置反事故技术措施要求

直流系统装置反事故技术措施要求主要有以下方面：

(1) 在新建、扩建和技改工程中，应按《电力工程直流系统设计技术规程》（DL/T 5044—2004）和《电气装置安装工程蓄电池施工及验收规范》（GB 50172—2012）的要求进行交接验收工作。所有已运行的直流电源装置、蓄电池、充电装置、微机监控器和直流系统绝缘监测装置都应按《电力系统用蓄电池直流电源装置运行与维护技术规程》（DL/T 724—2000）和《电力用高频开关整流模块》（DL/T 781—2001）的要求进行维护、管理。

(2) 变电站直流系统配置应充分考虑设备检修时的冗余，新建或改造后的 220kV 及以上电压等级变电站应采用三台充电、浮充电装置，两组蓄电池组的供电方式。每组蓄电池与充电机应分别接于一段直流母线上，第三台充电装置（备用充电装置）可在两端母线之间切换，任一工作充电装置退出运行时，手动投入第三台充电装置。变电站直流电源供电质量应满足微机保护运行要求。

（3）变电站直流系统的馈出网络应采用辐射状供电方式，严禁采用环状供电方式。

（4）直流系统对负载供电，应按电压等级设置分电屏供电方式，不应采用直流小母线供电方式。

（5）直流母线采用单母线供电时，应采用不同位置的直流开关，分别带控制用负荷和保护用负荷。

（6）新建或改造的变电站选用充电、浮充电装置，应满足稳压精度优于 0.5％ 的技术要求、稳流精度优于 1％、输出电压纹波系数不大于 0.5％ 的技术要求。在用的充电、浮充电装置如不满足上述要求，应逐步更换。

（7）新、扩建或改造的变电站直流系统用断路器应采用具有脱扣功能的直流断路器，严禁使用普通交流断路器。加强直流断路器上、下级之间的级差配合的运行维护管理。

（8）除蓄电池组出口总熔断器以外，逐步将现有运行的熔断器更换为直流专用断路器。当直流断路器与蓄电池组出口总熔断器配合时，应考虑动作特性的不同，对级差做适当调整。

（9）直流系统的电缆应采用阻燃电缆，两组蓄电池的电缆应分别铺设在各自独立的通道内，尽量避免与交流电缆并排铺设，在电缆竖井时，两组蓄电池电缆应加装金属管套。

（10）及时消除直流系统接地缺陷，同一直流母线段，当出现同时两点接地时，应立即采取措施消除，避免由于直流同一母线两点接地，造成继电保护或开关误动故障。当出现直流系统一点接地时，应及时消除。

（11）严防交流窜入直流故障出现。新建或改造的变电站，直流系统绝缘监测装置，应具备交流窜直流故障的测记和报警功能。原有的直流系统绝缘监测装置，应逐步进行改造，使其具备交流窜直流故障的测记和报警功能。

（12）两组蓄电池组的直流系统，应满足在运行中两段母线切换时不中断供电的要求，切换过程中允许两组蓄电池短时并列运行，禁止在两系统都存在接地故障情况下进行切换。

（13）充电、浮充电装置在检修结束恢复运行时，并先合交流侧开关，再带直流负荷。

（14）新安装的阀控式密封蓄电池组，应进行全核对性放电试验。以后每隔两年进行一次核对行放电试验。运行四年以后的蓄电池组，每年做一次核对性放电试验。

（15）浮充电运行的蓄电池组，出制造厂有特殊的规定外，应采用恒压方式进行浮充电。浮充电时，严格控制单体电池的浮充电压上、下限，每个月至少以此对蓄电池组所有的单体浮充端电压进行测量记录，防止蓄电池因充电电压过高或则过低而损坏。

5.5 故障处理及要求

5.5.1 直流系统设备常见故障分析及处理方法

不同的直流系统设备根据设备类型，故障特征采取不同的处理方法及要求。

5.5.1.1　阀控蓄电池

1. 极板短路或开路

极板短路或开路主要由极板的沉淀物、弯曲变形、断裂等造成，当无法修复时应更换蓄电池。

2. 壳体异常

壳体异常主要由充电量大、内部短路、温度过高等原因造成，应采取处理方式如下：

（1）对渗漏电解液的蓄电池应更换或用防酸密封胶进行封堵。

（2）外壳严重变形或破裂时应更换蓄电池。

3. 蓄电池反接

蓄电池反接主要由极板硫化、容量不一致等原因造成，应将故障蓄电池退出运行，进行反复充电，直至恢复正常极性。

4. 极柱、螺丝、连接条怕酸或腐蚀

极柱、螺丝、连接条怕酸或腐蚀主要由安装不当、室内潮湿、电解液溢出等原因造成，处理方法如下：

（1）及时清理，做好防腐处理。

（2）严重的更换连接条、螺栓。

5. 蓄电池容量下降

蓄电池容量下降主要由于充电电流过大、温度过高等原因造成蓄电池内部失水干涸，电解物质变质。用反复充放电方法恢复容量，若连续三次充放电循环后，仍达不到额定容量的80%，应更换蓄电池。

6. 蓄电池绝缘下降

蓄电池绝缘下降主要由电解液溢出、室内通风不良、潮湿等原因造成，处理方法如下：

（1）对蓄电池外壳和支架用酒精清擦。

（2）改善蓄电池的通风条件，降低湿度。

5.5.1.2　高频开关电源充电装置

1. 交流故障

交流故障主要由电解液溢出、室内通风不良、潮湿等原因造成，处理方法如下：

（1）对蓄电池外壳和支架用酒精清擦。

（2）改善蓄电池的通风条件，降低湿度。

2. 直流故障

（1）若故障灯亮时为内部故障，关闭电源后重新启动，仍不正常时对其进行进一步检查。

（2）模块内部熔断器熔断时应查明原因后更换。

（3）模块接线端子或插头松动时应进行紧固或重新插接。

5.5.1.3　监控装置

1. 屏幕无显示

（1）检查装置的电源是否正常，若不正常应向电源侧逐级检查。

（2）检查液晶屏的电源是否正常，若电源正常可判断为液晶屏损坏，应进行更换。

2. 显示值和实测值不一致

（1）调校监控装置内部各测量值的电位器。

（2）若调整无效后应更换相关部件。

（3）检查通道是否正常，有故障时应进行处理。

3. 显示异常

按复位键或重新开启电源开关，若按复位键或重新开机仍显示异常时，应进一步进行内部检查处理，无法修复时应更换监控装置。

4. 告警

根据警告信息检查和排除在外部故障后仍无法消除报警时应检查：

（1）装置参数若偏离整定范围时，应重新整定。

（2）检查上、下位机收发是否同步，若不同步应对其进行调整。

（3）检查通信线连接不正确应重新接线。

5. 监控装置与上位机通信失败

（1）检查上位机软件地址、波特率，当格式不正确时应重新设定。

（2）检查上、下位机收发是否同步，若不同步应对其进行调整。

（3）检查通信线连接不正确应重新接线。

5.5.1.4 绝缘在线监测装置

1. 开机无显示

（1）检查装置的电源是否正常，若不正常应逐级向电源侧检查。

（2）检查液晶屏的电源是否正常，若电源正常可判断为液晶屏损坏，应进行更换。

2. 装置测量异常

（1）调校监控装置内部各测量值的电位器。

（2）若调整无效后应重新开机后再校对。

3. 装置显示异常

按复位键或重新开启电源开关，若按复位键或重新开机仍显示异常时，应进一步进行内部检查处理，无法修复时应更换监控装置。

4. 接地告警异常

（1）参数不正确时应重新设定。

（2）测量正、负对地电压偏差较大时，应检查装置的相关部件。

（3）检查传感器电源是否正常，若不正常时应更换电源；电源正常时检查传感器是否损害，若损坏时应进行更换。

5.5.1.5 绝缘监测装置

报警异常：

（1）参数不正确时应重新调整。

（2）应检查装置的相关部件和回路是否完好。

5.5.1.6 电压监察装置

1. 继电器故障

(1) 继电器的接点接触不良，处理无效时应更换。

(2) 继电器的线圈损坏时应更换。

2. 回路故障

(1) 检查熔断器是否完好，熔断时应查明原因后更换。

(2) 检查回路接线是否完好。

5.5.1.7 电压调节装置

1. 自动调节异常

(1) 检查合闸母线电压是否正常。

(2) 熔断器熔断时应查明原因后更换。

(3) 若在装置的电源故障无法修复时应更换。

若某一级或全部元件调节电压无变化，此时应更换降压元件。

2. 手动调节异常

(1) 挡位开关故障时应跟换开关。

(2) 若不能手动调节，应更换电压调节装置。

5.5.1.8 屏内开关

1. 开关故障

(1) 接点接触不良应进行检查处理，无法处理时应更换。

(2) 空气断路器不能正确脱扣，无法起到保护作用时，应更换。

(3) 辅助接点动作失灵或接触不良，无法修复时应更换。

(4) 若开关熔断器熔断，应查明原因后更换。

2. 接线松动或断线

接线松动或断线的应紧固或处理。

5.5.2 典型缺陷案例分析

5.5.2.1 220kV 变电站直流绝缘装置频发直流电源绝缘故障

现场情况为在线绝缘巡检装置频发"支路接地告警"，但支路选线随机变动，无规律可循。

检修人员首先用便携式接地检测仪分别对 2 号直流充电屏合闸母线和控制母线对地绝缘电阻进行测定，接地检测仪均显示有接地，但依次测量直流分屏各馈线电缆，接地检测仪均显示无接地，无法判断具体接地点。

在不影响直流系统安全运行的前提下，对直流分屏各馈线电缆使用拉路法查找接地点，但在拉开各条馈线过程中未发现正、负母线对地电压趋于正常。由此判断，接地点在电源侧，即充电屏或充电屏至分屏电缆上。

检查充电屏时，发现合闸母线和控制母线上存在较大的交流分量，根据直流系统原理可知，导致直流母线上存在交流量的可能性有两种：①充电模块纹波系数达不到要求；②由于交流电源为接地系统，直流电源为不接地系统，如交流电源与直流电源间隔离不彻底可能导致交流窜入直流，进而影响直流系统对地绝缘水平。

拉开各充电模块交流量未消失，排除第一种可能性；检查交流电源回路，发现2号充电机交流防雷器零线（导线为蓝色）端接到了直流电源负端（母排色标为蓝色），拆除该电缆后，直流系统对地绝缘恢复正常，装置报警复归，如图5-6、图5-7所示。

防雷器零线

图5-6　2号充电机交流防雷器零线端接到直流电源负端

防雷器零线接入2号充电机负极母排

图5-7　防雷器零线端接到2号充电机负极母排

由此判断，造成2号直流系统绝缘故障的原因是由于零线与直流负极由于色标相同，安装人员误将交流电源系统接入直流电源系统导致直流绝缘下降，此类型缺陷在平时的检修工作中容易忽视，望引起重视。

5.5.2.2　220kV变电站直流系统Ⅰ段绝缘异常分析

变电检修一班对该变电站Ⅰ段直流系统绝缘异常进行处理，当时绝缘监控器发"合母一电压负接地故障"，如图 5-8 所示。该 I 段系统直流系统绝缘监测装置为杭州中恒厂家的 KJY01，对绝缘监测装置的内部平衡电桥进行了测试并校正，平衡桥阻值为 200kΩ。该装置设置为正负母压差超过 80V 或对地绝缘阻值小于 25kΩ 时发绝缘故障信号。

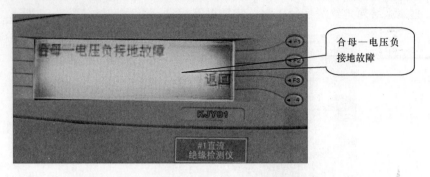

图 5-8　1号直流绝缘检测仪显示合母—电压接地故障

检查发现，合母正对地电压为 161.7V，合母负对地电压为 81.1V（实际上该系统只有控母上有负载支路，所谓的合母只是指蓄电池组输出的电压或合闸模块的输出电压），控母正对地电压为 143.2V，控母负对地电压为 81.0V。从中可以看出，合母正负对地电压差为 161.7－81.1＝80.6V，大于设定的 80V 告警值，而控母正负对地电压差为 143.2－81.0＝62.2，小于设定的 80V 告警值。可见，该告警是由合母电压差超过设定值引发的，但是实际合母上并无负载支路，从中可以看出控母绝缘不理想，但当从控母的绝缘不理想程度并未达到装置绝缘告警门限，但反映到合母上时，装置会发绝缘告警。

此时，针对控母绝缘不理想情况进行支路查找，由于控母的绝缘不理想程度并未达到装置绝缘告警门限而控母确实存在绝缘不理想状况，为确定具体绝缘状况不理想支路，我们采用将装置告警门限标准提高，正负母压差由 80V 调整为 50V，对地电阻值由 25kΩ 调整为 50kΩ。装置参数改完后，检测出为控母 3 段 003 支路即主控室直流分屏第一路直流电源开关（此空开在 I 段系统总屏上，该空开下端有很多负载支路），其负对地阻值为 35.1kΩ。

以上情况说明，控母绝缘不理想是由"控室直流分屏第一路直流电源"支路引起的，而"控室直流分屏第一路直流电源"空开下端并联着多个支路，该负对地阻值 35.1kΩ 其实是由多条支路对地电容或多条支路绝缘不理想累加而成（多个支路对地绝缘不好就会有多个对地电阻，这些电阻并联后总阻值为 35.1kΩ），如图 5-9、图 5-10 所示。

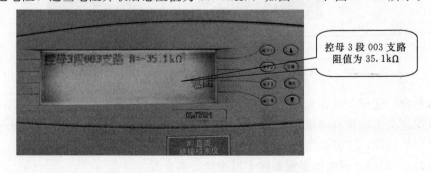

图 5-9　直流绝缘检测仪显示控母 3 段 003 支路阻值为 35.1kΩ

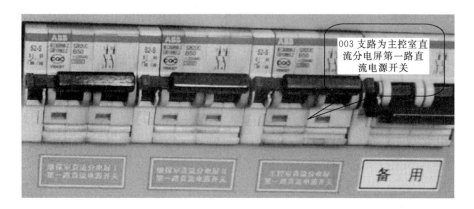

图 5-10 003 支路为主控室直流分电屏第一路直流电源开关

进一步处理该缺陷需由保护专业人员进行检查，为了使该报警信号不发信，经生产处直流专职同意，我们将绝缘检测装置告警门限值正负母对地压差设为 85V，对地绝缘阻值设为 25kΩ。此时装置显示系统运行正常。

5.5.2.3 某变电站充电模块配置不合理缺陷分析

110kV 某变电站直流系统年检时发现的问题：直流系统均采用许继电气产品，并且发现其在充电模块配置上采用 5 只 10A 的模块全部并接在蓄电池组充电回路上，控制回路中无模块配置。在这样的模块配置情况下，若蓄电池运行数年以致其容量衰减，此时进行容量试验就不能有效保证控制母线的电压稳定，易造成控制母线电压过低或失压。

合理的模块配置应为：三只充电模块并接在蓄电池组充电回路上，两只充电模块并接在控制回路里。这样，即使蓄电池容量变差，在其容量试验过程中也可确保控制母线电压的正常，保证对全所直流负载的可靠供电。直流系统模块配置图如图 5-11 所示。

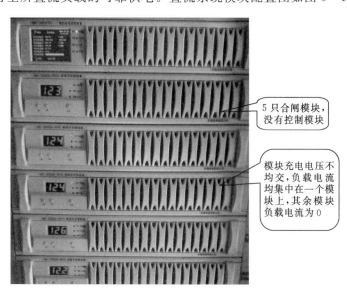

图 5-11 直流系统模块配置图

5.5.2.4 某变电站第Ⅰ组蓄电池严重渗漏液

变检班对 220kV 某变电站第Ⅰ组蓄电池漏液缺陷进行检查处理，某变电站为 2013 年 7 月新投产变电所，直流系统电压 220V，直流系统配备两组蓄电池，两段直流母线。正常运行时，两套直流系统分列运行，其中，每组蓄电池配置 104 节蓄电池，型号为 GFM - 400，两组蓄电池均为卧式摆放。

现场检查发现：1 号蓄电池组的 81 号、85 号蓄电池已严重漏液，漏液已呈"水珠"状挂于蓄电池边沿。且地面上及下层多节蓄电池可明显看出漏液干掉后的痕迹。由于 81 号、85 号蓄电池摆放在上层位置，漏出的电解液顺着蓄电池组往下流，已影响到下层多节蓄电池连接条严重腐蚀，且无法判断下层电池本身是否漏液。电池组漏液情况如图 5 - 12～图 5 - 15 所示。

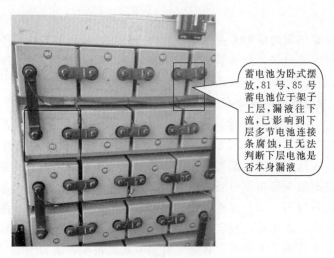

图 5 - 12　蓄电池组连接条腐蚀

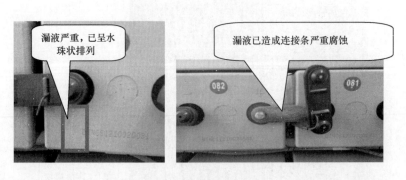

图 5 - 13　蓄电池组漏液

该组蓄电池存在的严重漏液情况，若漏液悬挂于蓄电池正负极接线柱间，将会造成蓄电池间短路，产生很大的短路电流，很可能造成蓄电池发生爆炸起火；若漏液悬挂于地面与蓄电池间，会造成直流系统发生接地短路故障，严重影响直流系统安全稳定运行；如不及时处理该缺陷，当漏出电解液较多时，会造成蓄电池容量急剧下降，造成漏液严重的蓄电池发生开路，从而使整组蓄电池与直流系统发生断路，则该蓄电池组无法作为直流系统的后备电源，对直流系统运行造成重大安全隐患。

漏液呈水珠状挂于蓄电池下沿

漏液干掉后形成的白色粉末状物体

漏液已影响到下层多节蓄电池

图 5-14 蓄电池组漏液悬挂于蓄电池下沿

图 5-15 蓄电池组漏液形成粉末

鉴于以上情况，必须及时联系厂家，对漏液严重及受到影响的相关蓄电池进行现场检查、确认并更换。在更换蓄电池前，为确保直流系统安全运行，我们已建议运行人员汇报调度，将直流运行方式由原来的Ⅰ、Ⅱ段直流母线分列运行，改为由 2 号蓄电池组、2 号充电机带Ⅰ、Ⅱ段直流母线的并列运行方式，同时将 1 号蓄电池组、1 号充电机暂时退出运行，急待电池更换后，直流系统运行方式恢复至原运行状态。

5.5.2.5　某变电站直流系统环网故障缺陷

11 月 6～12 日，利用 220kV 某变电站全部设备停电集中检修的机会，变电检修一班严格按照国网十八项反措要求，对该变电站进行直流系统隐患排查，对全所直流系统Ⅰ、Ⅱ段母线进行环路检测试验。此次全站停电集中检修、全所直流系统隐患排查试验是公司结合设备状态评估产生的常规检验、反措落实、缺陷处理等工作需求，提前协调、统筹考虑、精心部署的一次多设备、多专业、多方位的系统性综合检修试验，充分体现了"协同运作'一盘棋'，风险监控'一张网'"的检修策略。

首先，检查核对直流系统运行状态，将直流系统运行状态设定为：1 号充电机带Ⅰ段母线对第Ⅰ路负载供电，2 号充电机带Ⅱ段母线第Ⅱ路负载供电，母联开关在分闸位置，Ⅰ、Ⅱ段直流馈电屏分列运行，如图 5-16 所示。

1. 降压法

首先拉开 1 号充电屏全部合闸模块，采用调整硅链的方式降低直流系统Ⅰ段控制母线电压。调整前直流系统Ⅰ段控制母线电压为 218.4V，逐级调整，每级电压调整幅度为 3V，调整时仔细观察Ⅰ、Ⅱ段母线电压变化情况，防止由于Ⅰ、Ⅱ段母线存在环路现象时控制母线电压下降过快，导致Ⅱ段母线失压。继续降低Ⅰ段控制母线电压至 203.4V。此时，直流馈电屏Ⅰ段控制母线电压为 203.4V，直流馈电屏Ⅱ段控制母线电压为

图 5 - 16　Ⅰ、Ⅱ段直流馈电屏处于分列运行状态

218.4V。硅链调节方式切换开关位置如图 5 - 17 所示。

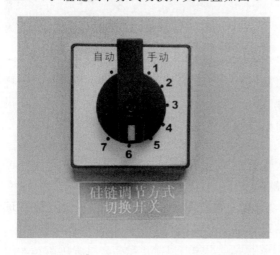

图 5 - 17　硅链调节方式切换开关位置

根据试验结果，直流系统Ⅰ段控制母线电压下降时Ⅱ段控制母线电压未发生变化，说明直流系统Ⅱ段控制母线电压不受Ⅰ段控制母线电压下降的影响。但次方法只能检测Ⅰ、Ⅱ段正、负母线都环网的情况，对于Ⅰ、Ⅱ段母线正电源连通、负电源不连通或者正电源不连通、负电源连通的情况，此方法存在一定的局限性。

2. 拉路法

此方法需要变电站全停电，一般情况下无法实施。

（1）检查直流分电屏Ⅰ、Ⅱ段母线是否存在环路现象。

拉开直流分电屏Ⅰ段电源Ⅱ路进线电源空开，用万用表测量Ⅰ段电源Ⅰ、Ⅱ路进线电源空开对地电压，结果显示Ⅰ路有电，Ⅱ路失电，Ⅱ路进线电源空开正对地电压、负正对地电压均为零。

拉开直流分电屏Ⅱ段电源Ⅱ路进线电源空开，用万用表测量Ⅱ段电源Ⅰ、Ⅱ路进线电源空开对地电压，结果显示Ⅰ路有电，Ⅱ路失电，Ⅱ路进线电源空开正对地电压、负正对地电压均为零。

试验结果表明，直流分电屏Ⅰ、Ⅱ段进线电源空开上端头分列，但是不能保证继电保护装置电源之间无环路或寄生回路现象存在。

（2）检查直流馈电屏Ⅰ、Ⅱ段支路是否存在环路现象。

检修人员检查核对直流馈电屏Ⅰ、Ⅱ段母线上均有的且处于合闸位置的支路空开，共有 7 对，如表 5 - 8 所示。

表 5 - 8	直流馈电屏 I 、 II 段母线支路电源空开	
	I 段母线	II 段母线
支路电源空开	遥测控制母线 I	遥测控制母线 II
	接地检测仪工作电源 I	接地检测仪工作电源 II
	直流控母 I （故录测量量）	直流控母 II （故录测量量）
	自动化 UPS I	自动化 UPS II
	总控电源 I	总控电源 II
	直流分电屏 I 电源 I	直流分电屏 I 电源 II
	直流分电屏 II 电源 I	直流分电屏 II 电源 II

依次分别拉开直流馈电屏 I 支路电源空开，用万用表测量直流馈电屏 I 支路电源空开上、下端头对地电压，结果为：I 支路电源空开上端头正对地电压、负对地电压均为110V，I 支路电源空开下端头正对地、负对地均无电压。试验结果表明，直流馈电屏 I 、II 段母线上均有的且处于合闸位置的 7 对支路空开无环路现象。

（3）接电阻法。

检修人员利用接地电阻法检测直流系统 I 、II 段母线是否存在环路现象。接地电阻法利用 WZJD - 6A/01 型微机直流系统接地监测仪中不平衡电桥法进行检测，接地电阻 R_1 、R_2 为 20kΩ，均接在控制母线负极上。

不平衡电桥法检测原理（图 5 - 18）：正负母线电压超过投切电压时，通过绝缘主控盒主机内部控制软开关 S_1 、S_2 的分合，形成不平衡桥。先正投切，断开 S_2 ，合上 S_1 ，测出此时正对地电压 U_{1+} ，负对地电压 U_{1-} ；再负投切，断开 S_1 ，合上 S_2 ，测出此时正对地电压 U_{2+} ，负对地电压 U_{2-} 。正对地电阻 R_x 、负对地电阻 R_y 可计算为。

$$\frac{U_{1+}}{\frac{R_1 R_x}{R_1 + R_x}} = \frac{U_{1-}}{R_y} \tag{5-1}$$

$$\frac{U_{2+}}{R_x} = \frac{U_{2-}}{\frac{R_2 R_y}{R_2 + R_y}} \tag{5-2}$$

不平衡电桥法优点是检测精度高，且能实时检测正、负母线绝缘同时等同下降的情况；缺点是受接地电容影响大，监测速度慢。

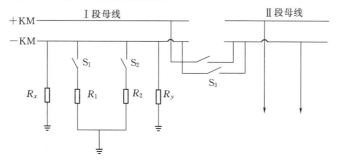

图 5 - 18　I 、II 段母线不平衡电桥法检测原理图

图 5 - 19　模拟接地Ⅰ段空开处于合位

试验时，主要步骤有：①将直流系统运行状态设定为：母联开关在分闸位置，Ⅰ、Ⅱ段直流馈电屏分列运行；②检查直流馈电屏Ⅱ段上处于合闸位置的各个支路空开电源，并记录下来处于合闸位置的各个支路空开电源名称。测量此时Ⅰ、Ⅱ段直流馈电屏控制母线正对地电压、负对地电压，其中，控母Ⅰ段正对地电压 $U_{1+}=112V$，$U_{1-}=106.4V$；控母Ⅱ段正对地电压 $U_{2+}=113.1V$，$U_{2-}=105.3V$，此时检查不出直流系统Ⅰ、Ⅱ段母线是否存在环路或寄生回路现象；③合上模拟接地Ⅰ段空开；测量此时Ⅰ、Ⅱ段直流馈电屏控制母线正对地电压、负对地电压，其中，控母Ⅰ段正对地电压 $U_{1+}=162.1V$，$U_{1-}=56.3V$；控母Ⅱ段正对地电压 $U_{2+}=159.6V$，$U_{2-}=59.8V$。试验数据表明，此时Ⅰ、Ⅱ段直流馈电屏控制母线有支路存在环路或寄生回路现象，需要分别拉支路来查找具体是哪一路支路。

模拟接地Ⅰ段空开处于合位如图 5 - 19 所示。声光报警信号显示如图 5 - 20 所示。

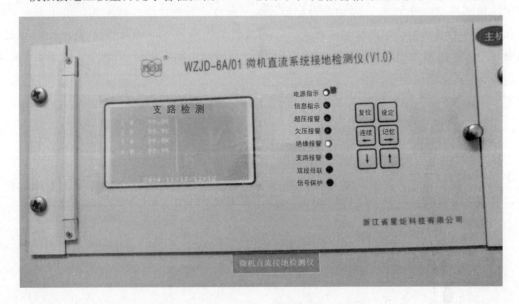

图 5 - 20　合上模拟接地Ⅰ段空开时微机直流系统接地检测仪发出声光报警信号

拉开直流馈电屏Ⅱ段上处于合闸位置的所有支路空开电源，测量Ⅰ、Ⅱ段直流馈电屏控制母线正对地电压、负对地电压，测量此时Ⅰ、Ⅱ段直流馈电屏控制母线正对地电压、负对地电压，其中，控母Ⅰ段正对地电压 $U_{1+}=161.3V$，$U_{1-}=57.1V$；控母Ⅱ段正对

电压 $U_{2+}=113.1\mathrm{V}$，$U_{2-}=105.3\mathrm{V}$，发现 Ⅱ 段控制母线正对地电压、负对地电压未发生变化。由此可以确定，原先处于合闸位置的支路空开电源中某一支路确实存在环路或寄生回路现象。直流馈电屏 Ⅱ 段上处于合闸位置的 12 条支路空开电源，如图 5-21 所示。

图 5-21　直流馈电屏 Ⅱ 段上处于合闸位置的 12 条支路空开电源

逐个合上原来处于合闸位置的各个支路空开电源，并用万用表分别测量合上各个支路上的控制母线正对地电压、负对地电压，测量结果如表 5-9 所示。

表 5-9　　　　拉合 Ⅱ 段控母各支路空开电源时母线正对地电压、负对地电压

处于合闸位置的各支路空开电源名称	合上该空开时Ⅱ段控母电压正对地电压/V	合上该空开时Ⅱ段控母电压负对地电压/V	拉开该空开时Ⅱ段控母电压正对地电压/V	拉开该空开时Ⅱ段控母电压负对地电压/V	Ⅰ段控母电压正对地电压/V	Ⅰ段控母电压负对地电压/V
遥测控母Ⅱ	113.1	105.3				
接地检测仪	112.8	105.6				
工作电源Ⅱ集控站值班室	113.4	105				
直流控母Ⅱ（故录测量量）	111.9	106.5				
UPS 电源Ⅰ	112.6	105.8	113.1	105.3	161.2	57.2
UPS 电源Ⅱ	113.6	104.8				
信息网路屏电源	113.2	105.4				
自动化 UPSⅡ	112.7	105.7				
远动机电源	**160**	**58.4**				
直流分电屏Ⅰ电源Ⅱ	113.5	104.9				
直流分电屏Ⅱ电源Ⅱ	112.8	105.6				

由测量结果显示：

1）合上模拟接地Ⅰ段空开，Ⅰ段控制母线正对地电压为 161.2V，负对地电压为 57.2V，此时Ⅰ段控制母线发生负极绝缘下降现象。

2）拉开直流馈电屏Ⅱ上各个支路空开电源时Ⅱ段控母正对地电压为 113.1V，负对地电压为 105.3V，此时Ⅱ段控制母线未发生负极绝缘下降现象，表明此时直流系统Ⅰ、Ⅱ段母线不存在环路或寄生回路现象。

3）当拉合远动机电源空开这条支路时，控制母线正对地电压、负对地电压发生明显变化，正对地电压由 113.1V 变为 160V，负对地电压由 105.3V 变为 58.4V。

4）逐个拉合Ⅱ段控制母线其余支路空开电源时，控制母线正对地电压、负对地电压未发生明显变化。

5）试验结果表明，直流馈电屏Ⅱ上的各支路中，确实存在环路或寄生回路现象，并且是远动机电源这一支路。远动机电源这一支路在直流馈电屏Ⅱ上，直流馈电屏Ⅰ上无此空开电源，所以在排查初期工作人员忽视了这一空开电源。

5.5.2.6　某变电站直流系统母线绝缘下降缺陷

某 220kV 变电站在运行过程中，发生直流母线电压异常情况，现场直流系统绝缘巡检装置显示：正负母线对地电压平衡（$U_+ = 99.5$V，$U_- = 125.3$V），正负母线对地绝缘电阻（$R_+ = 1.0$K，$R_- = 2.3$K），低于系统对地绝缘下限为 25kΩ 的要求。为了解异常原因，检修人员对该站直流母线电压进行了连续监测，测试仪器每 3s 对所监测电压有效值进行存储。

测试采用完全符合 IEC 61000-4-30 A 级标准的 FLUKE 1760 三相电能质量记录仪，仪器序列号及检定有效期如表 5-10 所示。

表 5-10　　　　　　　　　　测试仪器型号及序列号

仪器型号	仪器序列号	仪器检定有效期
FLUKE 1760	Y9 60623	2015 年 1 月 31 日

直流系统绝缘检测方法一般有平衡电桥法和不平衡电桥法。

（1）平衡电桥法。平衡电桥法检测优点是检测速度快，能实时检测正、负母线对地电压；缺点是检测相对误差大，且不能检测正、负母线绝缘同时等同下降的情况。

（2）不平衡电桥法。不平衡电桥法检测原理（图 5-22）：正负母线电压超过投切电压时，通过绝缘主控盒主机内部控制软开关 S_1、S_2 的分合，形成不平衡桥。先正投切，断开 S_2，合上 S_1，测出此时正对地电压 U_{1+}，负对地电压 U_{1-}；再负投切，断开 S_1，合上 S_2，测出此时正对地电压 U_{2+}，负对地电压 U_{2-}。通过式（5-3）、式（5-4）可以计算出正对地电阻 R_x、负对地电阻 R_y。

$$\frac{U_{1+}}{\dfrac{R_1 R_x}{R_1 + R_x}} = \frac{U_{1-}}{R_y} \tag{5-3}$$

$$\frac{U_{2+}}{R_x} = \frac{U_{2-}}{\dfrac{R_2 R_y}{R_2 + R_y}} \tag{5-4}$$

不平衡电桥法优点是检测精度高，且能实时检测正、负母线绝缘同时等同下降的情况；缺点是受接地电容影响大，监测速度慢。

采用不平衡电桥法检测此变电所直流系统Ⅰ、Ⅱ母线是否存在环路，以此推测直流系统是否因为存在环路导致直流系统绝缘水平下降，仪器检测结果显示系统无环路。通过模拟接地试验，使Ⅱ段正、负母线对地电压偏移，但Ⅰ段正、负母线对地电压未发生变化，验证了检测仪测量结果的正确性。

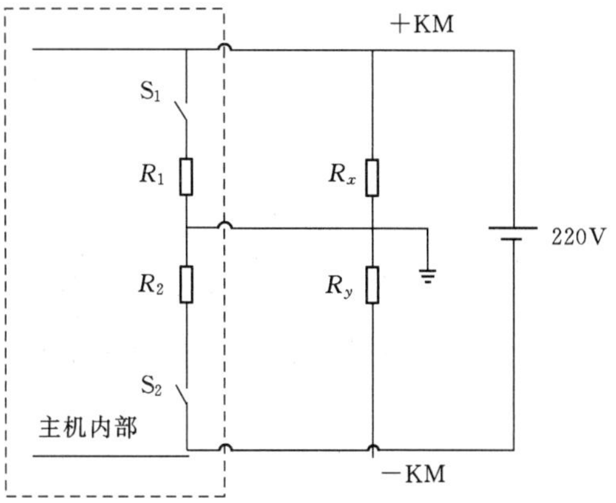

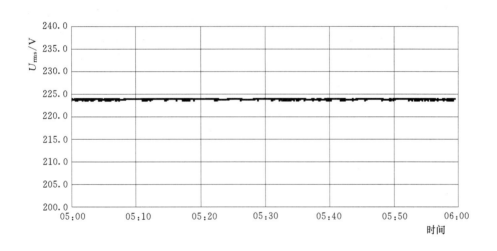

图5-22 不平衡电桥法检测原理图

1. 正常情况下的直流母线电压

技术人员将一台电压监视器接入直流Ⅱ段母线，连续监测绝缘故障发生时直流Ⅱ段正—地、负—地，正—负电压变化（图5-23），通过电压变化特性判断绝缘产生的原因。

图5-23 正常情况下的直流母线正负极间电压

图5-23～图5-25为正常情况下直流母线正负极、正极对地、负极对地间电压有效值趋势图。正常时直流母线正负极间电压维持在224V左右；正极对地电压则在105～117V间上下变动并具有周期性；负极对地电压则在107～118V间上下变动并具有周期性。

2. 直流母线电压异常现象

图5-26为测试期间连续5天7小时（12日0：00至17日7：00）直流母线正负极间电压、正极对地电压以及负极电压的变化趋势。图5-27、图5-28分别为此段时间内正极对地电压、负极对地电压的变化趋势。

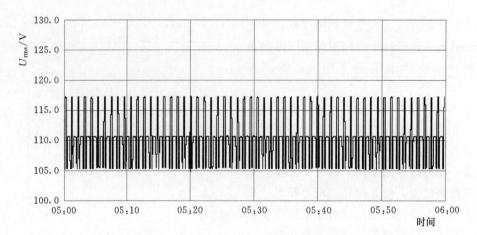

图 5 - 24　正常情况下的直流母线正极与地间电压

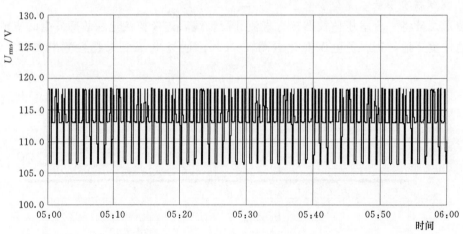

图 5 - 25　正常情况下的直流母线负极与地间电压

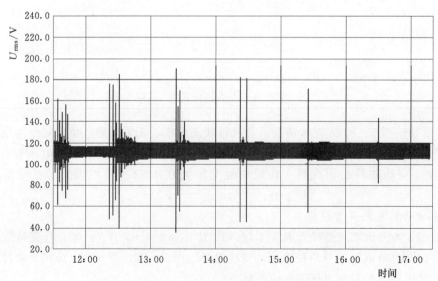

图 5 - 26　直流母线电压变化趋势

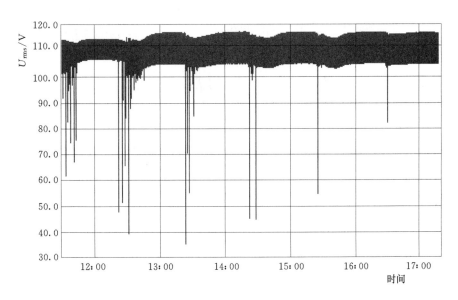

图 5 - 27　直流母线正极对地电压变化趋势

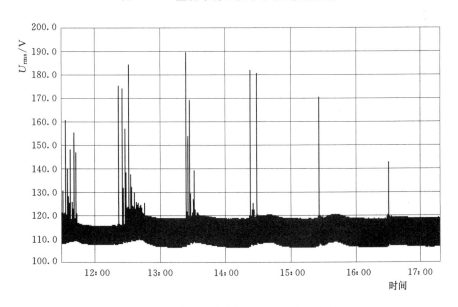

图 5 - 28　直流母线负极对地电压变化趋势

图 5 - 29、图 5 - 30 分别为单次直流母线电压异常前后正极对地、负极对地电压变化情况。

将Ⅰ、Ⅱ段直流母线分列运行，监视母线对地电压，观察发现Ⅰ段对地电压比较稳定。Ⅱ段母线电压在直流系统绝缘下降时正对地和负对地电压波动非常大，基本可确定为直流Ⅱ段母线上的支路绝缘下降引起。

对Ⅱ段母线正、负电压进行监测，用绝缘监测仪查找Ⅱ段直流母线各条支路，结果显示，各支路电容量不平衡由多条支路绝缘不理想累加而成，导致直流母线电压异常。

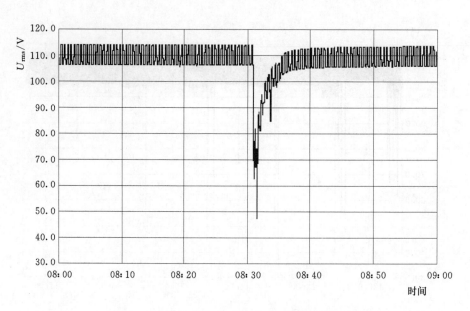

图 5 - 29　直流母线电压异常前后正极对地电压

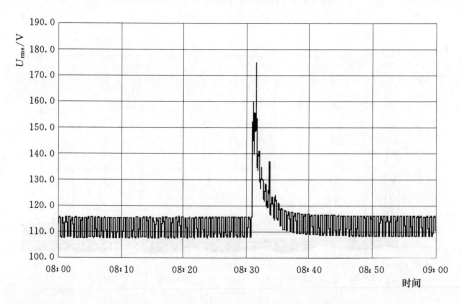

图 5 - 30　直流母线电压异常前后负极对地电压

3. 测试结论

（1）测试期间每次电压异常均为正极对地电压降低，但电压降低幅度不等；电压异常现象的发生主要集中在中午。

（2）直流母线电压异常前后正负极间电压无明显变化；正极对地电压在异常发生时突然降低而后逐渐恢复，但电压平稳后相对于异常前有微小下降。

（3）观察记录的波形图，发现直流母线电压异常后正极对地电压有一个明显的下降并逐渐恢复的过程。该电压波形与电容短时击穿时的波形较为相似。因此我们判断绝缘故障产生时存在电容特性，确定直流母线电压异常是由于支路电源滤波器引起的，它属于容性负载。而采用该电源录波器的保护装置有 6 条支路。

5.5.2.7 某变电站直流系统直流失压缺陷

某月 25 日 06 时 50 分，变检一班接到某变电站直流失压紧急缺陷，变检一班人员马上赶往变电所，经查看 OPEN3000 系统信息发现，该变电站直流系统交流输入失电情况是从该月 22 日 14：20 开始，25 日 5：28 该变电站直流母线电压降至 60V，101、104 自动化通道中断，25 日 07：30 该变电站直流母线电压恢复至 220V，期间的 63h 站内所有保护自动化装置均由直流系统蓄电池供电。该变电站直流蓄电池组为哈尔滨光宇产品，额

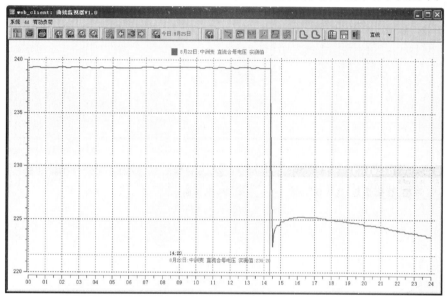

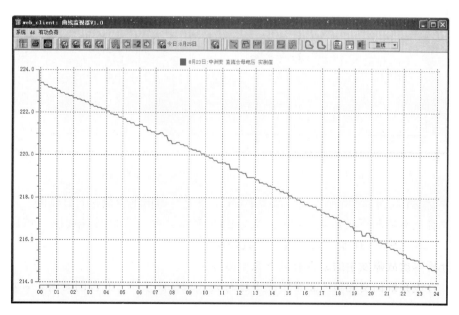

图 5-31（一）　该变电站直流母线电压监测数据图

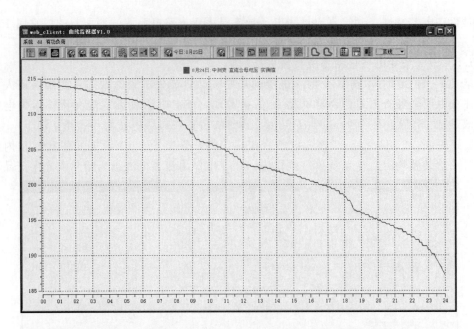

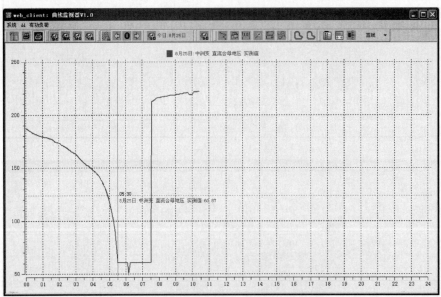

图 5-31（二）　该变电站直流母线电压监测数据图

定容量为 300Ah，于 2008 年投运，在 2013 年 6 月进行蓄电池容量核对性试验，试验数据合格，查看正常情况下负载为 6.8A 左右，因此直流蓄电池容量及带载能力均属正常范围。图 5-30、图 5-31 是直流母线电压数据截图。

经分析本次故障发生的原因有以下几个方面：

（1）直流系统的交流输入正常情况下运行方式为交流 I 段、II 段同时输入，默认为交流 I 段供电，只有当交流 I 段空开跳开后才会切换至交流 II 段供电。据运行值班员反映：直流屏充电装置处于停运状态，交流 I 段、II 段空开在合位，交流 I 段、II 段接触器上端头有电，下端头无电，而交流Ⅰ段输入接触器不吸合但空开未跳开，因此未切换至交流Ⅱ段输入。

（2）该站由于直流系统监控器长期误发直流系统故障信号（包括误发"馈线故障"信号、"降压硅链故障"信号、"母线电压欠压"故障信号如图5-32、图5-33所示），该信号在远动端误归并在"直流系统故障"信号中，导致监控人员不能正确判断。因此本次直流系统交流失压后监控人员无法第一时间发现问题。

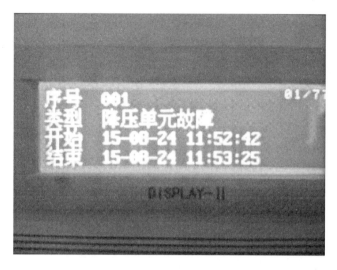

图 5-32　监控器发降压单元故障信号

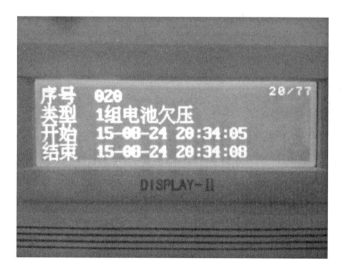

图 5-33　监控器发 1 组电池欠压

（3）现场检查发现"母线电压欠压"信号在远动信号表中应对应为"直流系统电压异常"，而变电所现场实际将"母线电压欠压"信号归并至"直流系统故障"，造成监控上不能清楚反映出"直流系统电压异常"故障。

（4）该站由于直流系统监控器误发信号问题已出现多年，因厂家无法处理，只能通过设备改造解决问题，并于次月将该变电站直流屏进行改造完毕。

5.5.2.8 某变电站直流蓄电池组腐蚀缺陷

变检班在对 220kV 某变直流系统开展周期性巡查，在进行蓄电池组放电试验过程中，对蓄电池外观进行例行检查时发现如图 5-34 所示问题。

图 5-34　该变电站蓄电池极柱渗液、连接条腐蚀图

该变电站 1 号蓄电池极柱普遍存在连接条腐蚀现象；2 号蓄电池组 6 号蓄电池连接条腐蚀。经检查，该变电所使用的阀控式铅酸蓄电池由哈尔滨光宇电池厂生产，于 2009 年投入运行，型号为 GFM-400Z。根据同厂家、同型号故障电池统计，投运 5 年及以上的某厂家生产的阀控铅酸蓄电池普遍存在两个家族性缺陷：一是因极柱与胶体外壳密封不良而导致蓄电池电解液渗漏；另一为蓄电池组存放时无间距。

阀控式铅酸蓄电池能量转化是通过电化学反应进行的，充电时将电能转化为化学能储存起来，转化公式为

正极　电解液　负极　　　　正极　　　负极
$$(PbO_2 + 2H_2SO_4 + Pb \Longleftrightarrow PbSO_4 + H_2O + PbSO_4)$$

放电时将储存起来的化学能转化成电能输送给直流负载，如果电极与蓄电池外壳密封不良将使电解液溢出，直接导致电化学反应进行不充分或无法进行，外在表现为蓄电池容量不足，带负载能力差（蓄电池组放电未达到 3h，部分电池电压已低于蓄电池巡检装置单节电压放电下限 1.8V，导致放电开关跳开，不能继续放电）；溢出的硫酸对连接铜片具有腐蚀性，轻则增大蓄电池的回路电阻，重则使蓄电池组开路，存在较大的安全隐患。电池电压变化曲线如图 5-35 所示。

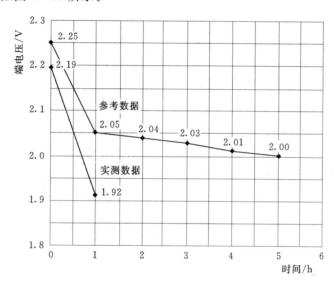

图 5-35　该变电站 2 号电池电压变化曲线

正常情况下，组柜安装的蓄电池组的各蓄电池间距不应小于 15mm，哈尔滨光宇组柜的蓄电池都没有间距，存在安全隐患。因为在蓄电池在充电过程中阀控电池内的再化合反应将产生大量的热能，且阀控电池是密封结构的，使热量不易散发，如果电池之间安装无间隙，摆放过于紧密，极有可能导致电池热失控，严重时会引发火灾。

第6章 所用电屏检修

6.1 所用电屏作用、分类、结构

变电站主要用电负荷，有变压器的冷却装置（包括风扇、油泵和水泵）、隔离开关和断路器操作的电源、蓄电池的充电设备、油处理设备、检修器械、通风、照明、采暖、供水等。变电站的用电负荷一般都比较小但其可靠性要求比较高，特别是重要所用负荷均采用双回路电源供电，变电站所用电系统接线，380V/220V 低压所用电系统采用单母线接线，通过两台所用变分别向母线供电，两台所用变压器之间可以实现暗备用方式互相备用，并设置备用电源自动投入装置。大型变电站所用电低压母线采用单母线分段来提高供电可靠性。具体使用设备分类如表 6-1 所示。

表 6-1　　　　　　　　　　　　　所用电负荷的具体类别

名称	类别	运行方式	名称	类别	运行方式
充电装置	Ⅱ	不经常、连续	远动装置	Ⅰ	经常、连续
浮充电装置	Ⅱ	经常、连续	微机监控系统	Ⅱ	
变压器强油冷却装置	Ⅰ		微机保护、检测装置电源		
变压器有载调压装置		经常、断续	空压机		经常、短时
有载调压装置带电滤油装置	Ⅱ	经常、连续	深井水泵或给水泵	Ⅱ	
断路器、隔离开关操作电源		经常、断续	生活水泵		
断路器等、端子箱加热	Ⅱ	经常、连续	雨水泵	Ⅱ	不经常、短时
通风机	Ⅲ		消防水泵、变压器水喷雾装置	Ⅰ	
事故通风机	Ⅱ	不经常、连续	配电装置检修电源		
空调机，电热锅炉	Ⅲ	经常、连续	电气检修间	Ⅲ	
载波，微波电源	Ⅰ		所区生活用电		经常、短时

注　Ⅰ—特别重要负荷；Ⅱ—重要负荷；Ⅲ——一般负荷。

所用电屏为动力配电中心（PC），俗称为低压开关柜，也叫低压配电屏。它们集中安装在变电站，把电能分配给不同地点的下级配电设备。这一级设备紧靠降压变压器，故电器参数要求较高，输出电路容量也较大。

按结构特征和用途分类如下：

（1）固定面板式开关柜。固定面板式开关柜常称开关板或配电屏，是一种有面板遮拦的开启式开关柜，正面有防护作用，背面和侧面仍能触及带电部分，防护等级低，只能用于对供电连续和可靠性要求较低的工矿企业变电站。

（2）封闭式开关柜。封闭式开关柜是指除安装面外，其他所有侧面都被封闭起来的一种低压开关柜。这种开关柜的开关、保护和监测控制等电器元件，均安装在一个用钢材或绝缘材料制成的封闭外壳内，可靠墙或离墙安装。柜内每条回路之间可以不加隔离设施，也可以采用接地的金属板或绝缘板进行隔离。

（3）抽出式开关柜。这类开关柜采用钢板制成封闭外壳，进出线回路的电器元件都安装在可抽出的抽屉中，构成能完成某一类供电任务的功能单元。功能单元与母线或电缆之间，用接地的金属板或塑料制成的隔板隔开，形成母线、功能单元和电缆三个区域。每个功能单元之间也有隔离措施。抽出式开关柜有较高的可靠性、安全性和互换性，适用于对供电可靠性要求较高的低压配电系统，作为集中控制的配电中心。

所用电屏一般都由受电柜、计量柜、联络柜、双电源、互投柜和馈电柜等组成。成套设备中通常把电气部分分为主回路和辅助回路。主回路是指传送电能所有导电回路；由一次电器元件连接组成。辅助回路是指除主回路外的所有控制、测量、信号和调节回路在内的回路，如表6-2所示。

表6-2 所用电的接线方案和重要元器件

方案	方案1	方案2	方案3
主接线图			
设备名称	左进线屏	馈线屏	母分屏
重要元器件 断路器 MT06N1/3P630	1		1
空气开关 NSD100K/3P 100A		6	
空气开关 NSD100K/3P 60A		12	
空气开关 NSD100K/3P 30A		6	
刀开关 HD13BX-600/31	2		2
刀开关 HD13BX-200/31			
电流互感器 LQG-0.66/0.2 600/5	3		
电流互感器 LQG-0.66/5 150/5			

所用电屏及低压断路器、刀开关、转换开关及熔断器等元件额定参数及意义如图6-1所示。

PGS所用电屏为金属封闭式结构，为了提高产品的标准化程度，故采用PK屏的骨架为基本柜体，该产品具有结构紧凑、电气元件布局合理美观、性能稳定、易操作等特点。主要用于变电站、变电所及一些有双电源供电的企业单位的低压供电，

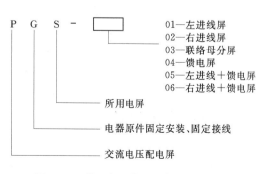

图6-1 所用电屏幕额定参数及其意义

PGS 所用电屏是同类产品的基础上做了很大改进、研制而成的新一代双电源切换的所用电屏，实现双电源切换，保证变电所所用电源可靠供电，不仅实现了电气和机械双闭锁，从根本上保证了电源的安全可靠切换，系统具有"遥信、遥测、遥控"三遥功能，该产品符合国家标准《低压成套开关设备和控制设备》（GB 7251.1—2005）及 IEC 60439 的要求。所用电屏柜正面，结构自上为母线单元、刀开关、断路器和馈电开关及指示灯。所用电屏柜的正面结构如图 6-2 所示。

所用电屏柜后布置的结构如图 6-3 所示，控制及计量单元如图 6-4 所示。

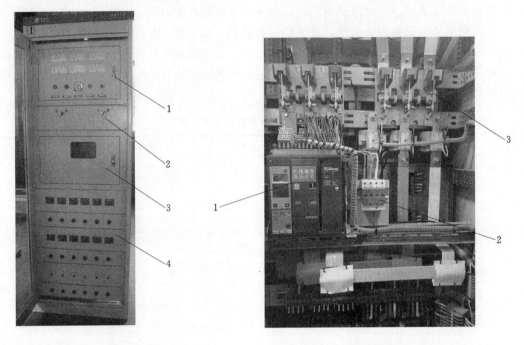

图 6-2　所用电屏柜正面结构示意图示意
1—控制及仪表室；2—计量室；3—馈电开关及
指示灯；4—隔离开关操作孔

图 6-3　所用电屏柜后布置示意图
1—低压开关控制和保护；2—防雷保护；3—刀开关

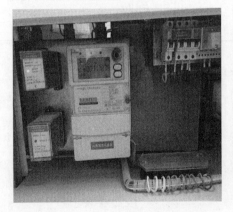

图 6-4　控制及计量单元示意图

114

所用电屏主要技术参数如下：

（1）额定电压。额定电压表示设备所在电网的最高电压，用来度量电器及其部件的不同电位部分的绝缘强度、电气间隙和爬电距离的标准电压值，一般为 400V。

（2）额定频率为 50Hz。

（3）额定电流。额定电流分为两种，一种是水平母线额定电流，是指低压开关柜中受电母线的工作电流；另一种为垂直母线额定电流，是指低压开关柜中作为分支母线（即馈电母线）的工作电流，这个电流小于水平母线电流。水平母线一般为 630A、800A、1000A；垂直母线一般为 100A。

（4）额定短路开断电流。额定短路开断电流是指低压开关柜中开关电器的分断短路的能力。

（5）母线额定峰值耐受电流和额定短时耐受电流表示母线动、热稳定性能。

（6）防护等级。防护等级是指外壳防止外界固体异物进入壳内触及带电部位或者运动部件，以及防止水进入壳体内的防护能力。防护等级一般应达到 IP30，要求高的有 IP43、IP45 等。

6.2 所用电屏检修

6.2.1 所用电屏实施状态检修原则

状态检修应遵循"应修必修，修必修好"，依据变电站所用电屏状态评价的结果，考虑设备风险因素，制定所用电屏系统的检修计划，合理安排状态检修的计划和内容。所用电屏系统状态检修工作内容包括停电测试、不停电测试、试验以及停电维护、不停电维护、故障处理等工作。

新投运设备投运初期对所用电系统及其附件进行全面检查，收集各种状态量，并进行一次状态评价，对于运行一定年限、故障或发生故障概率明显增加的所用电系统，宜根据系统运行情况及评价结果，对检修计划及内容进行调整，必要时进行更换。所用电屏系统检修策略如表 6-3 所示。

表 6-3　　　　　　　　　所用电屏系统检修策略

设备状态	正常状态	注意状态	异常状态	严重状态
推荐周期	正常周期或延长一年	不大于正常周期	适时安排	尽快安排

6.2.2 所用电屏投产验收标准及要点

所用电屏投产验收时，应符合下列要求：

（1）电器的型号、规格符合设计的要求。

（2）电器的外观检查完好，绝缘器件无裂纹，安装方式符合产品技术文件要求。

（3）电器安装牢固、平正，符合设计及产品技术文件的要求。

（4）电器的接零、接地可靠。

（5）电器的连接线排列整齐、美观。

（6）绝缘电阻值符合要求。

（7）活动部件动作灵活、可靠。

（8）标志齐全完好、字迹清晰。

通电后，应符合下列要求：

（1）操作时动作灵活、可靠。

（2）电磁器件应无异常声响。

（3）线圈及接线端子的温度不应超过规定。

（4）触头压力、接触电阻不应超过规定。

验收时，应提交下列资料和文件：

（1）变更设计的证明文件。

（2）制造厂提供的产品说明书、合格证件及竣工图纸等技术文件。

（3）安装技术记录。

（4）调整试验记录。

（5）根据合同提供的备品、备件清单。

6.2.3　所用电屏巡检项目及要求

（1）所用电屏投入运行后，日常巡视工作主要以看和听为主。

1）所谓看包括眼睛看和红外检测两个部分。眼睛看则以所用电屏外观，检查柜体设备外观完好、无损伤，固定连接应牢固，接地可靠；电器元件固定牢固，盘上标志、回路名称、表计及指示灯正确、齐全、清晰；站用电系统导线外观绝缘层应完好，导线连接（螺接、插接、焊接或压接）应牢固、可靠。红外检测主要包括：交流配电室应有温度控制措施，所用电屏空气开关、动力电缆接头处等无异常温升、温差，所有元器件工作正常，未超出设备允许温升。

2）听则通常以现场设备仪器震动声响来判断设备运行健康情况，有时也可以借助分贝仪器辅助判断，由于设备仪器震动声响各有不同，其间也会存在间歇放电声音，所以需要依靠人员有丰富的运行经验，或者以分贝仪建立音响图谱与历史对校。

（2）所用电屏投入运行后，应定期进行切换试验，确保对设备的正常供电。具体项目及要求如下：

1）变电站不同站用变应分别接在不同母线上或取自不同电源，站用电源间应能自动切换，功能正常、信号正确。

2）重要负荷应采取接至两段母线上的双回路供电方式，切换时序应能满足重要负荷短暂停电要求，不得发生误动或者失灵。

3）定期校核回路容量，回路容量应满足现场要求，特别是在变电站检修与扩建，站用负荷增加以后的检测。

4）定期检查电源箱应配置漏电保护器，应定期检查试验。

5）定期检查配电柜及检修电源箱防水及锈蚀，应无进水及严重锈蚀。

6）定期检查应急电源接入系统，应满足在全所失压时应急电源的接入功能正常。

7）定期检查国网及系统公司反措项目是否实施到位，是否满足安全生产用电要求，确保变电站站用电系统正常、可靠。

6.2.4　所用电屏检修、定期检修及故障检修

6.2.4.1　所用电屏定期检修

定期检修，按运行规定按时进行，检修内容如下：

（1）清扫各部位的积尘物，特别是绝缘表面的积尘。

（2）按断路器、刀开关等电器的特性进行检修、调试。

（3）检查电器接触部位，接触情况是否良好，检测接地回路，保持连续道通。

（4）螺丝等紧固情况。

（5）包含所用电屏定期切换项目和反措项目核对实施。

6.2.4.2　所用电屏低压配电开关设备

1. 低压刀开关

低压刀开关在低压成套开关设备中主要用于隔离电源，所以又叫隔离开关。刀开关的型号如图 6-5 所示。

（1）类组代号中，HD 表示单投刀开关；HS 表示双投刀开关。

（2）设计序号中，11 表示中央手柄式；12 表示侧方正面框操动机构式；13 表示中央杠杆操动机构式；14 表示侧面手柄式。

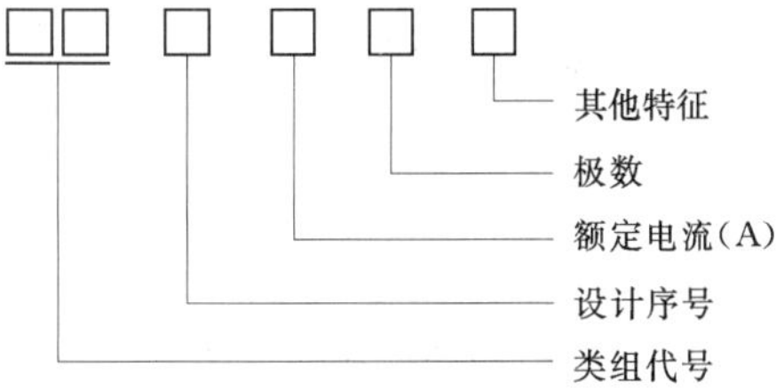

图 6-5　刀开关型号含义说明示意图

（3）极数包括 1、2、3、4 级。

（4）其他特征中，D 表示不带灭弧罩；1 表示有灭弧罩；8 表示板前接线方式；9 表示板后接线方式。

2. 低压负荷开关

低压负荷开关是在刀开关的基础上，增加一些辅助部件，如快速操动机构、灭弧和保护装置组成，可以断开、闭合额定电流内的工作电流，一般可分为开启式和封闭式负荷开关。封闭式负荷开关具有较大的额定工作电流，安全性能更高。

3. 低压熔断器

低压熔断器一种简单的保护低压电气设备的装置，由熔断器本体和熔丝组成。为了保证熔断器能可靠工作，在熔断器设计时一般把熔丝的额定电流定为最小熔断电流的 80%，并规定熔丝的额定电流不能大于熔断器本体的额定电流，熔断器的熔丝在额定电流 1.3 倍以下时，熔丝不应熔断；当电流超过 1.3 倍时，熔丝应按反时限特性熔断。低压熔断器熔丝的额定电流不应超过本体的额定电流；低压熔断器熔丝的额定电流不应超过线路的额定电流；配电变压器二次侧熔断器熔丝的额定电流不宜超过配电变压器二次侧的额定电流。中性线不允许装设熔断器。

4. 低压断路器

低压断路器也称低压自动空气开关或者自动开关，是一种不仅可以接通和分断正常负荷电流和过负荷电流，还可以接通或者分断短路电流的开关电器，是低压配电网中最为重

要的控制和保护电器。低压断路器主要由触头、灭弧装置、操动机构和脱扣器等组成。目前所用电屏低压断路器已由万能式断路器向智能型万能式断路器发展。

（1）万能断路器型号含义如图 6-6 所示。

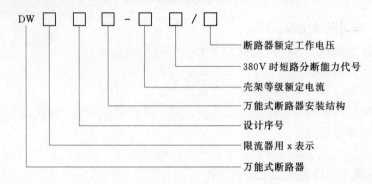

图 6-6　万能断路器型号含义说明示意图

1）万能断路器维护有：在使用前，应将磁铁工作极面擦拭干净；机构的各种摩擦部分必须涂以润滑油脂；断路器触头检查，形成小的金属粒时，需用锉刀修整保持原有形状，必要时进行更换；触头检查调整后，应对断路器的其他部分进行检查；当灭弧罩损坏时（尽管只有一个灭弧罩损坏），则必须更换。

2）万能式断路器安装结构中，抽屉式用"C"表示，固定式则无此代号。

3）380V 时短路分断能力代号中，Y 表示一般型；H 表示高分断型；限流型无此代号。

4）断路器额定工作电压中，06 表示 660V；11 表示 1140V；无此代号表示 380V。

（2）智能型万能式断路器。智能型就是将微处理器引入低压断路器，断路器功能在原有基础上大大增强，提高断路器自身诊断和监视性能，与计算机组网能自动记录断路器运行情况，实现遥测、遥信和遥控。

智能型万能式断路器主要功能如下：

1）完善的保护功能：过负荷、短路、接地故障等。图 6-7 描述的是保护整定的要求。

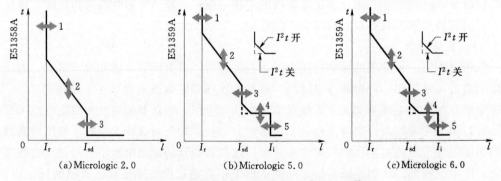

（a）Micrologic 2.0　　　　（b）Micrologic 5.0　　　　（c）Micrologic 6.0

图 6-7　智能型万能断路器保护整定示意图

（a）1—电流设定 I_r（长延时）；2—跳闸延时 I_r（长延时）对应于 $6×I_r$；3—脱扣 I_{sd}（瞬时）；（b）1—电流设定 I_r（长延时）；2—跳闸延时 t_r（长延时）对应于 $6×I_r$；3—脱扣延时 I_{sd}（短延时）；4—脱扣延时 t_{sd}（短延时）；5—脱扣 I_i（瞬时）；（c）1—电流设定 I_r（长延时）；2—跳闸延时 t_r（长延时）对应于 $6×I_r$；3—脱扣延时 I_{sd}（短延时）；4—脱扣延时 t_{sd}（短延时）；5—脱扣 I_i（瞬时）

2）整定功能：采用编码开关整定，组成所需要的保护特性。图6-8描述的是具有整定功能的继电器。

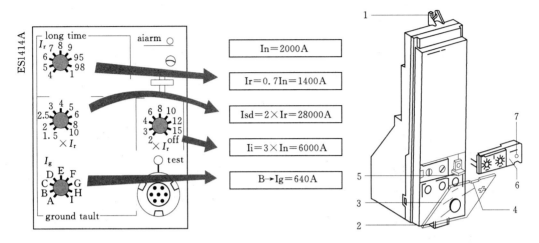

图6-8　具有整定功能的继电器的功能示意图
1—顶部固定；2—底部固定；3—保护盖；4—盖板开启；5—保护盖锁定；
6—整定模块；7—整定模块固定螺丝

3）显示功能：通过面板或数据接口显示各种动作信息和保护特性。图6-9描述的是继电器的显示功能。

4）自检功能：环境温度过热自诊断，微处理器内部及通信。

5）故障记忆功能：记忆线路故障引起脱扣时的故障电流、时间和类别等。

图6-10为智能式万能断路器的脱扣曲线。

6）热记忆功能：记忆过负荷和短路引起的发热程度。

7）试验功能：模拟现场的故障状态，进行断路器脱扣试验。

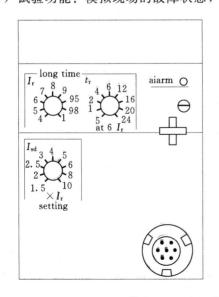
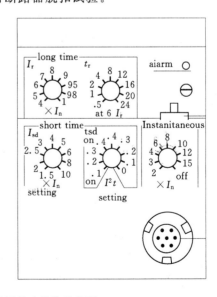

图6-9（一）　继电器显示功能的示意图

119

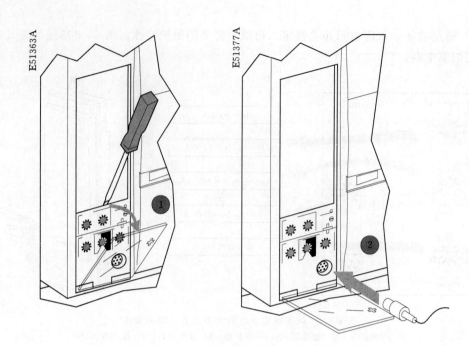

图 6-9（二）　继电器显示功能的示意图

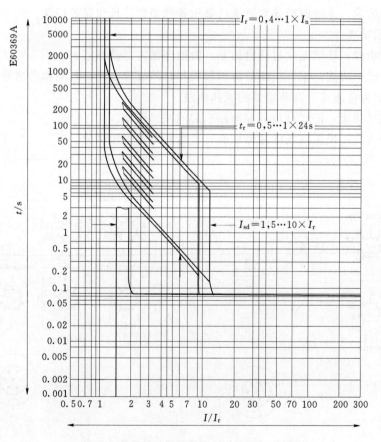

图 6-10　智能式万能断路器的脱扣曲线示意图

8）负荷监控、电压表功能。

9）低倍数故障电流瞬时分段功能：断路器在合闸时遇到短路故障电流，能瞬时分闸。

10）通信功能：实现遥测、遥信、遥控和遥调功能。

6.2.4.3　所用电屏故障检修

故障检修是为了确保运行，防止故障运行和防止事故扩大，在发现故障出现或断定即将出现时，立即对故障部位进行检修，及时排除故障。

1. 所用电屏典型故障

所用电屏典型故障表现为低压开关不能合闸、分闸或者自动切换。遇到此类故障首先从控制回路识图开始，根据故障表现内容，依据所用电屏结构、作用、控制原理及图纸判断故障范围，确定检查重点。断路器分合闸控制回路图见图 6-11。

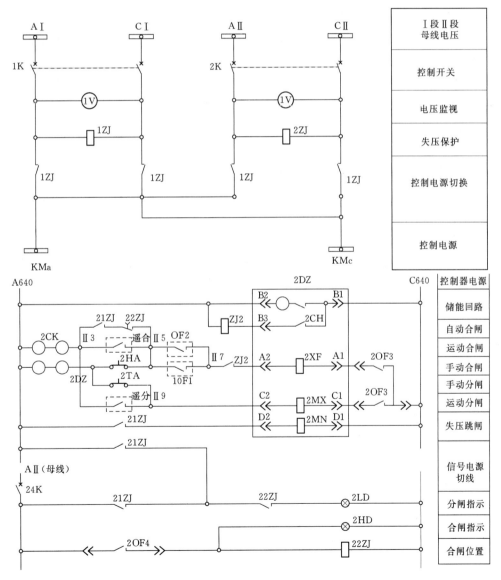

图 6-11　断路器分合闸控制回路图

（1）合闸路径。低压开关合闸有 3 条，分别为远动合闸、手动合闸和自动合闸。三种模式可以通过 2CK 进行切换选择。21ZJ、22ZJ 接点间相互动作自动合闸，实现两台所用变之间的备自投，一般所用变之间不得并列运行，特别是接地变由于初相角不同禁止并列运行，所以在低压开关间用辅助开关 0F2、10F1 实现相互间闭锁。

（2）分闸路径。低压开关的分闸控制为了保证动作可靠性，没有复杂的闭锁回路，相对较简单。分闸控制也是通过 2CK 切换来改变手动和远动操作两种模式，没有自动分闸；但是，为防止电源倒送和备自投的正确判断动作，低压开关会设置失压分闸装置。

（3）自动回路。1ZJ 与 2ZJ 组成所用变电压检测，一方面提供低压开关控制显示，另一方面与自动装置和电压判断配合组成所用变备自投。22ZJ 延时接点是防止全所失压后，所用电同时来电后，两台低压断路器抢合。

（4）储能回路。储能回路相对简单，由马达和储能行程开关组成，弹簧在合闸过程中释放能量完成断路器合闸，行程开关接点闭合马达启动，弹簧重新完成储能后储能接点断开；行程开关常开接点与 ZJ2 中间继电器组成储能信号和合闸闭锁，一个是提醒，另一个是防止在断路器未储能情况下合闸，引起断路器损坏。

2. 低压断路器常见故障

（1）失压脱扣器。手动合闸后断路器又立即自动断开，排除外围影响后多为失压脱口器的问题。检查的办法可使用人工强行使失压脱扣器衔铁吸合，如不再断开，即可证明判断正确。这时可通过调节衔铁弹簧拉力，使失压脱扣器处于正确状态。由于失压脱扣器对瞬时电压降反应特别敏感，特别需要时可将失压脱扣器零时解除，避免不必要的停电。

（2）特殊失压脱扣器，在合闸中供电电压突然降低到额定电压以下时，衔铁释放断路器合闸失败。因此，如发现在合闸中总是不成功，则肯定是特殊失压脱扣器反作用弹簧不平衡所致，此时需要反复调整反作用弹簧力即可解决。

（3）智能型万能断路器失控，智能型具有完善的自检功能，一般都能通过模块更换消除故障。但是智能型的内部控制相对复杂，外部接线模块化的特殊性，容易引起线头接触不良和端子脱落等情况，加强定期切换检查都能消除。

固定式和抽屉式断路器二次线连接图如图 6-12 所示。

3. 所用电屏检修安全措施

（1）低压触电风险，所用电屏内电压为 380V/220V，元器件分布却极为紧凑，极易对人体造成致命伤害。所有工作人员必须经培训合格并专人监护下才能进行。工作前须对带电部位进行相关的隔离，或者停电后才能进行。

（2）不正确操作导致设备损坏，任何原因的并列运行会导致极大的短路电流，甚至火灾危险。

（3）误碰、误接、误拆可能导致设备异常停电，工作前必须遵循先思考后动手，拆接过程一一确认，采取必要防护措施。

固定式和抽屉式断路器
Fixed and drawut circuit breaker

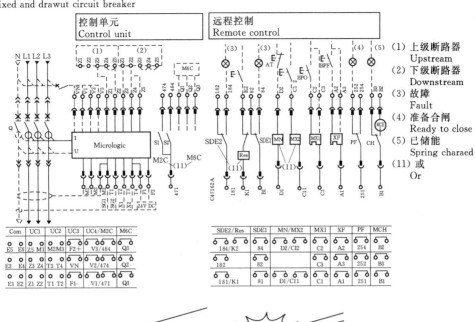

（1）上级断路器
　　 Upstream
（2）下级断路器
　　 Downstream
（3）故障
　　 Fault
（4）准备合闸
　　 Ready to close
（5）已储能
　　 Spring charaed
（11）或
　　 Or

Com		UC1		UC2		UC3	UC4/M2C	M6C
E5	E6	Z5	M1	M2	M3	F2+	V3/484	Q3
E3	E4	Z3	Z4	T3	T4	VN	V2/474	Q2
E1	E2	Z1	Z2	T1	T2	F1-	V1/471	Q1

SDE2/Res	SDE1	MN/MX2	MX1	XF	PF	MCH
184/K2	84	D2/CI2	C2	A2	254	B2
182	82		C3	A3	252	B3
181/K1	81	D1/CI1	C1	A1	251	B1

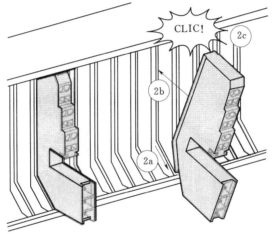

CLIC!

导线截面积
Cross – section of wires

剥线
Remove insulation

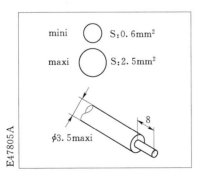

mini ⃝ S:0.6mm²

maxi ◯ S:2.5mm²

φ3.5maxi　　8

E47805A

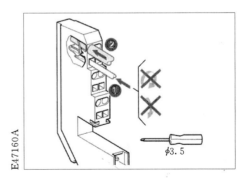

φ3.5

E47160A

图 6-12　固定式和抽屉式断路器二次线连接图

123